JN255538

IoT 時代の
データ処理の基本と実践
—スマホ内蔵センサ取得データを用いて—

博士（工学）田中　　博
博士（情報科学）五百蔵重典
共著

コロナ社

ま　え　が　き

数十年前までは，いつでも，どこでも，だれとでも，を目標としていた通信システムは，今や当然のものとなり，通信速度の高速化はいうに及ばず，機器の小型化，低消費電力化を実現し，多くのユーザがその利便性を享受している。さらに今日では，IoT（Internet of Things）という言葉に代表されるように，人ばかりではなく，人とモノ，モノとモノがつながり，データをやりとりしている。各種センサの小型化とともにそれらのデータをワイヤレスで伝送することにより，センサ設置の負荷やコストが大幅に抑えられ，結果としてデータの収集がきわめて容易に，そして大規模なデータになっている。

このような中で，データの分類やそれらの本質を把握すること，データから有意な情報を抽出することなどのために，得られたデータに対する処理技術がますます重要になってきている。これにより客観的に事象を分析すること，課題解決の指針を得ることも可能であり，そして，それらの巧拙によって大きな差異が生じる時代であるといえる。

本書はこのような背景を踏まえ，得られたデータに対して，客観的な解析，処理を行うために必要となる基本的なデータ処理，解析の技法を述べるものである。これから専門的な統計解析，機械学習，信号処理を学んでいく，あるいは研究対象とする学生が，その前準備として，前提となる基礎知識やデータ処理技術の基本を身につけることのできる教科書あるいは参考書となることを目的として執筆している。

第1章では基本中の基本である各種統計量について述べ，第2章では代表的なデータ解析手法である回帰分析，第3章は推定と検定について，その手法とともに得られたデータの有意性の判定方法などを例を示して説明している。第4章では，三つの基本的なデータの判別方法を取り上げ，それらの考え方を示している。これは機械学習の基礎となるものである。第5章では時系列データに対する代表的な解析手法であるフーリエ解析について述べ，そして第6章では信号処理技術として，ディジタルフィルタの構成とその効果を示す。

本書では可能な限り，具体的な例を示して読者の理解を高めるように配慮している。数学的な厳密さよりも，実際の問題への適用という観点を重視している。最初から順を追って読んでいくことが望ましいが，興味を持った章から読み，必要となる知識を他の章から得るように読み進めていくことも可能である。スマートフォン（スマホ）には多数のセンサが実装されているが，その中から加速度センサを取り上げ，実際に取得したデータを用いて解析している。データ取得のためのプログラムもAndroid端末用であるが，ダウンロード可能である。実際に自分のスマホでデータを取得してデータ処理方法を体験することにより，より理解が深まると思われる。また，本書で取り上げたExcelのデータをコロナ社の本書籍詳細ページ（http://www.coronasha.co.jp/np/isbn/9784339028805/）よりダウンロードできる。理解を深めるために，必要に応じて活用していただきたい。読者が本書を通して基本知識を習得し，つぎのステップにつなげることができれば，本書はその目的を十分に達したものと考えている。

最後に，本書の企画を担当し，執筆の機会をくださったコロナ社にこの場を借りてお礼を申し上げたい。スマホのセンサデータの取得方法として，MIT App Inventorの紹介とともに，日頃より多くの示唆をくださる神奈川工科大学情報工学科教授の山本富士男先生に深謝したい。また，執筆にあたり，プログラムや図面の作成に寄与してくれた本学学生の金田一将君，門倉 丈君，岡安優奈さんに感謝する。

2018年1月

著者しるす

目　　次

1. 統計処理の基本

2. 回帰分析

3. 推定と検定

4. データの分類

5. フーリエ解析

6. フィルタによる信号処理

付　　　録

1

統計処理の基本

大量のデータを計測したときに，そのデータからさまざまな知見が得られることも多い。例えば，ある小学校の小学生の身長のデータを計測すると，一番背の高い人と一番背の低い人がわかり，小学生の身長の取りうる範囲を知ることができる。また，どの身長の人が一番多いのかや，学年ごとの集計データからは身長の伸びていく様子もわかる。

上記の簡単な例からわかるように，データを集めることや適切な処理をすることでさまざまな知見が得られる。本章では，データ処理の基本となる概念や手法を学ぶ。相互に関係しあっているので，ある項目がわからなくても読み続けてほしい。本章の各節を何度か行ったり来たり読んでいると，データ処理に必要な基本的な項目が理解できるようになる。

1.1 基本統計量

あるデータの特徴を表現するためには，それらを構成する一つ一つの要素を列挙することでは取扱いが難しい。したがって，それらのデータの特徴を表現するための統計量がある。本節では，よく用いられる基本的な統計量を示す。基本統計量として，集団を一つの代表値として示す平均値，中央値，最頻値などと，集団のばらつきを一つの数値で表現する分散，標準偏差などがある。

1.1.1 平　均　値

データ群の代表的な値として，よく使われるのが平均値である。平均値とは，算術平均または相加平均とも呼ばれ，集団を構成するデータを足し合わせ，データ数で割った値である。各データを $x_1, x_2, \cdots, x_n$ とし，データ数を n 個とすると，平均値 μ は以下の式で表せる。

$$\mu = \frac{1}{n}\left(x_1 + x_2 + \cdots + x_n\right) = \frac{1}{n}\sum_{i=1}^{n} x_i \tag{1.1}$$

ここで，「Σ」はシグマと呼び，数列の和を意味している。

1.1.2 最　頻　値

最頻値はモードとも呼ばれ，集団内のデータの出現個数を数え，一番多く現れるデータである。例えば，以下のデータ群があったとする。

2, 1, 2, 3, 4, 4, 2, 3, 2, 5, 4, 1, 3

このデータ群の出現個数を数えると以下のとおりとなる。

0：0 個　1：2 個　2：4 個　3：3 個　4：3 個　5：1 個

したがって，このデータ群の最頻値は，2 となる。

最頻値は，単純にデータを対象とするのではなく，範囲で区切ることもある。これは，小学生の身長などを計測した場合，0.1 mm 刻みで同じデータを数えることに意味はないためである。このような場合は，例えば 3 cm または 5 cm 程度の幅で範囲を区切り，この範囲に属する個数を数えることで，最頻値を求める。

1.1.3 中　央　値

年収などのデータでは，年収 10 億円のように突出した値を取ることがある。そのため，このようなデータ群で平均値を用いると，実態と大きく異なると感じるときがある。

このようなデータ群の代表値を取るときには，中央値を用いる。中央値は，データを順番に並べ替えたときの真ん中の値である。中央値を正確に定義すると，データの個数 n が偶数のときと奇数のときで異なり，以下のようになる。

奇数のとき：$\dfrac{n+1}{2}$ 番目の値

偶数のとき：「$\frac{n}{2}$ 番目の値」と「$\frac{n}{2}+1$ 番目の値」の平均

これらの三つの値は，集団の代表を表すものであるが，以下に集団のばらつきを表現する方法を示す。

1.1.4 分　　散

以下のデータ群があったとする。

群 1：100, 100, 100, 100, 100, 100, 100, 100, 100, 100, 100

群 2：101, 99, 98, 102, 98, 102, 101, 99, 101, 99, 100

群 3：0, 200, 50, 150, 60, 140, 10, 190, 30, 100, 170

群 1 と群 2 のデータ群をヒストグラム（1.2.2 項参照）として表したグラフが**図 1.1** である。横軸はデータの値，縦軸がその値のデータの個数である。

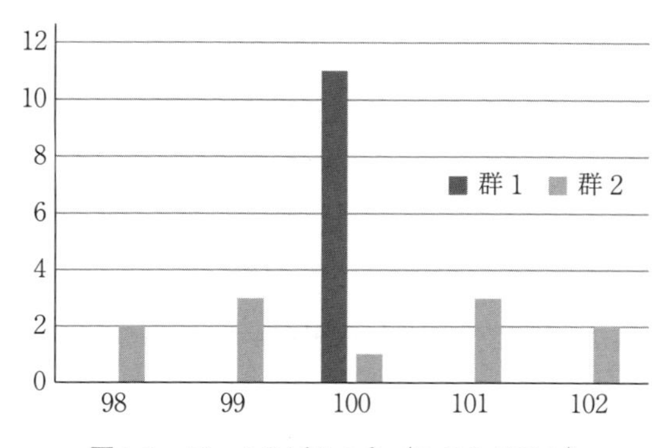

図 1.1　データのばらつき（ヒストグラム）

それぞれのデータ群の平均値は，どれも 100 である。しかし，このデータ群のデータのばらつき度合いは異なっている。データ群 1 はまったくばらついておらず，データ群 2 はほんの少しばらついている。データ群 3 は大きくばらついている。このばらつきを定量的に表すのが分散である。

分散は平均値との差の総和である。単純に差の総和を求めると，差が大きい場合でもプラスマイナスで打ち消されてしまう。そのため，「平均との差」を二乗し，その和をデータ数で割ったものと定義する。

各データを $x_1, x_2, \cdots, x_n$，データ数を n 個とし，このデータの平均値が μ であるとすると，分散 V は式 (1.2) で求められる。これは，標本分散ともいわれるものである。他に $n-1$ で除算する不偏分散といわれるものがあるが，これは次項で述べる。

$$V = \frac{1}{n}\left\{\left(x_1 - \mu\right)^2 + \left(x_2 - \mu\right)^2 + \cdots + \left(x_n - \mu\right)^2\right\} = \frac{1}{n}\sum_{i=1}^{n}\left(x_i - \mu\right)^2 \qquad (1.2)$$

1.1.5　標本分散と不偏分散

統計学には，集団全体を調べて集団全体の特徴・傾向を把握する記述統計学と3章で述べる集団の一部を調べて集団全体の特徴・傾向を推定する推測統計学がある。そのイメージを**図1.2**に示す。

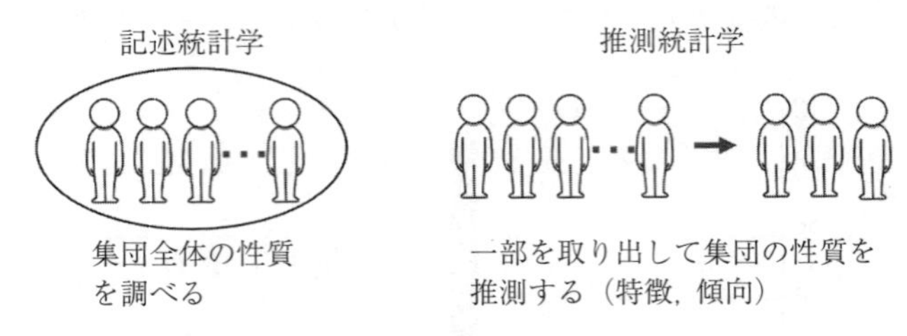

図1.2　記述統計学と推測統計学

分散の算出方法は，記述統計学と推測統計学では異なる。結論から述べると，記述統計学では n（データの総数）を，推測統計学では $n-1$ を分母に用いて分散を求める。Excel の分散を求める関数は，n で除算する VAR.P，$n-1$ で除算する VAR.S の両方が用意されている。同様に，分散の平方根である標準偏差（1.1.6 項参照）を求める関数は，STDEV.P と STDEV.S の2個が用意されている。

確認の意味で，データ $\{0, 1, 2, 3, 4, 5, 6, 7, 8, 9\}$ の分散，標準偏差を式 (1.2) の定義式から求めると，それぞれ 8.25，2.87 となる。VAR.P，STDEV.P から求めた結果と一致する。一方，VAR.S，STDEV.S で求めた結果は 9.17，3.03 である。n で除算した結果と $n-1$ で除算した結果の相違が確認できる。

推測統計学では，なぜ$n-1$で除算し分散（不偏分散）を求めるのかを説明する。母集団から取り出したサンプルから，母集団の分散（以下，母分散。σ^2）を推定したい。そのためには，サンプルの分散（以下，標本分散。S^2）の期待値が母分散に等しくなることが望ましい。ここで期待値$E[\cdot]$とは，ある試行の結果として求められる数値の平均値のことである。しかし$E[S^2]=(n/(n-1))\sigma^2$である。そのような分散が$n-1$で除算する不偏分散であり，E[不偏分散]$=\sigma^2$となる。ただし，この説明には長い数式を追う必要があるため，難しいと感じた読者は次項まで読み飛ばしても構わない。

母集団分布に従う確率変数Xはxと具現化されたものと考えるので，標本の平均$\overline{x}$の期待値$E[\overline{X}]$は以下のようになる。

$$E[\overline{X}]=E\left[\frac{1}{n}\left(X_1+X_2+\cdots+X_n\right)\right] \tag{1.3}$$

そして，$E[X_i]$は各標本X_iと独立しているため$E[X_i]=E[X]$と表現できること，および$E[X]=\mu$であることを用いて，式(1.4)のように変形できる。

$$\begin{aligned}E[\overline{X}]&=E\left[\frac{1}{n}\left(X_1+X_2+\cdots+X_n\right)\right]=\frac{1}{n}\left(E[X_1]+E[X_2]+\cdots+E[X_n]\right)\\&=\frac{1}{n}(\mu+\mu+\cdots+\mu)=\mu\end{aligned} \tag{1.4}$$

つぎに，標本平均と母集団の平均のばらつきの期待値を求める。確率変数の独立性から，以下のように変形できる。

$$\begin{aligned}E\left[(\overline{X}-\mu)^2\right]&=E\left[\left\{\frac{1}{n}\left(X_1+X_2+\cdots+X_n-n\mu\right)\right\}^2\right]\\&=E\left[\left\{\frac{1}{n^2}\left(X_1-\mu\right)+\left(X_2-\mu\right)+\cdots+\left(X_n-\mu\right)\right\}^2\right]\\&=\frac{1}{n^2}\sum_{i=1}^{n}E\left[\left(X_i-\mu\right)^2\right]=\frac{1}{n^2}\left(n\sigma^2\right)=\frac{\sigma^2}{n}\end{aligned} \tag{1.5}$$

標本分散S^2は以下のとおりである。

$$S^2=\frac{1}{n}\left\{\left(X_1-\overline{X}\right)^2+\left(X_2-\overline{X}\right)^2+\cdots+\left(X_n-\overline{X}\right)^2\right\} \tag{1.6}$$

標本分散 S^2 を，母分散 σ^2 を用いて表すために，「$X_i-\mu$」を入れる形として，以下のように変形して展開する。

$$
\begin{aligned}
S^2 &= \frac{1}{n}\left\{\left(X_1-\mu-\overline{X}+\mu\right)^2+\cdots+\left(X_n-\mu-\overline{X}+\mu\right)^2\right\} \\
&= \frac{1}{n}\left\{\left((X_1-\mu)-(\overline{X}-\mu)\right)^2+\cdots+\left((X_n-\mu)-(\overline{X}-\mu)\right)^2\right\} \\
&= \frac{1}{n}\left\{\left(X_1-\mu\right)^2-2\left(X_1-\mu\right)\left(\overline{X}-\mu\right)+\left(\overline{X}-\mu\right)^2+\cdots\right. \\
&\qquad \left.+\left(X_n-\mu\right)^2-2\left(X_n-\mu\right)\left(\overline{X}-\mu\right)+\left(\overline{X}-\mu\right)^2\right\} \\
&= \frac{1}{n}\sum_{i=1}^{n}\left(X_i-\mu\right)^2-2\frac{1}{n}\sum_{i=1}^{n}\left(X_i-\mu\right)\left(\overline{X}-\mu\right)+\left(\overline{X}-\mu\right)^2 \\
&= \frac{1}{n}\sum_{i=1}^{n}\left(X_i-\mu\right)^2-2\left(\overline{X}-\mu\right)\frac{1}{n}\sum_{i=1}^{n}\left(X_i-\mu\right)+\left(\overline{X}-\mu\right)^2 \\
&= \frac{1}{n}\sum_{i=1}^{n}\left(X_i-\mu\right)^2-2\left(\overline{X}-\mu\right)\left(\overline{X}-\mu\right)+\left(\overline{X}-\mu\right)^2 \\
&= \frac{1}{n}\sum_{i=1}^{n}\left(X_i-\mu\right)^2-\left(\overline{X}-\mu\right)^2 \qquad (1.7)
\end{aligned}
$$

標本分散の期待値 $E[S^2]$ は以下のようになる。

$$
\begin{aligned}
E[S^2] &= \frac{1}{n}\sum_{i=1}^{n}E\left[\left(X_i-\mu\right)^2\right]-E\left[\left(\overline{X}-\mu\right)^2\right]=\sigma^2-\frac{1}{n}\sigma^2 \\
&= \frac{1}{n}\left(n\sigma^2-\sigma^2\right)=\frac{n-1}{n}\sigma^2 \qquad (1.8)
\end{aligned}
$$

式 (1.8) より，標本分散の期待値を $n/(n-1)$ 倍すると，母分散と等しい値となる。すなわち，n で割った標本分散の式を $n/(n-1)$ 倍した式は，式 (1.9) となり，$n-1$ で割り算する不偏分散の式が求まる。

$$
\frac{n}{n-1}\times\frac{1}{n}\sum_{i=1}^{n}\left(X_i-\overline{X}\right)^2=\frac{1}{n-1}\sum_{i=1}^{n}\left(X_i-\overline{X}\right)^2 \qquad (1.9)
$$

1.1.6　標　準　偏　差

分散はデータのばらつきを表す有効な値であるが，値の範囲を検討することには不向きである。なぜなら，分散は二乗しており，物理的意味がもとのデータと異なっているためである。そこで，物理的意味を考慮した標準偏差が定義される。

$$\sigma = \sqrt{V} = \sqrt{\frac{1}{n}\sum_{i=1}^{n}\left(x_i - \mu\right)^2} \tag{1.10}$$

ここで，x_i は各データ，n はデータ数，μ は平均値である。標準偏差は σ（小文字のシグマ）で表されるが，総和を示す Σ（大文字のシグマ）とは同じシグマでも意味が異なる。

取り扱う物理量によるが，一般的に平均値だけではデータの性質を示す値としては不十分であることが多い。データの性質を報告する際は，最低限，データ数，平均値，そしてこの標準偏差あるいは分散を明記することが好ましいと思われる。

―― 事例：加速度データの基本統計量 ――

本事例では，実データから統計量を求める一例を示すために，スマートフォン（スマホ）内に実装された加速度センサで取得したデータを用いる。スマホに内蔵された加速度の検出軸方向を**図 1.3** に示す。

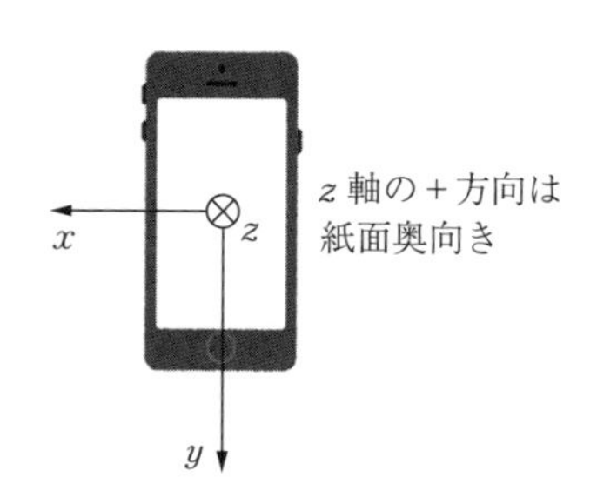

図 1.3　スマートフォンの加速度の検出軸方向

スマホの所持方法の相違による，検出軸の検出値が異なるという影響をなくしたい。そのために，取得データに対して式 (1.11) に示す 3 軸合成と呼ばれる処理を適用する。A は 3 軸合成値と呼ばれることがある。

$$A = \sqrt{{a_x}^2 + {a_y}^2 + {a_z}^2} \tag{1.11}$$

ここで，a_x は x 軸方向の加速度，a_y は y 軸方向の加速度，a_z は z 軸方向の加速度である。

スマホを手に持って小さくゆっくり振ったときのデータと，大きく速く振ったときのデータを取得し，式 (1.11) の処理を施すと，**図 1.4** のそれぞれの時系列データになる。なお，ここでの横軸はデータを取得した順番を示す整数

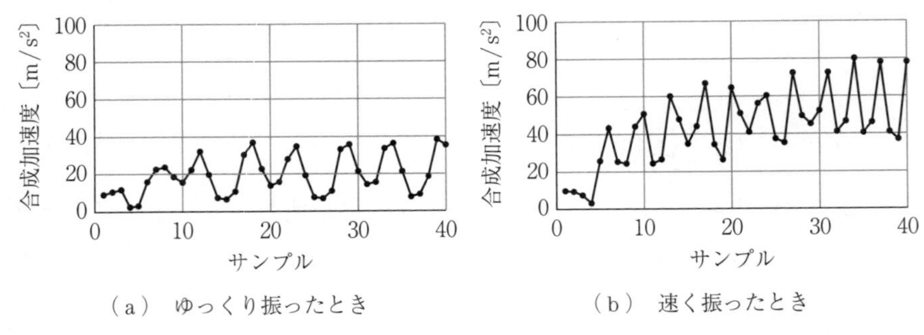

図 1.4　加速度の変化

(1, 2, 3, …, n（n は取得したデータ個数)）であり，時間ではない。また本来であれば点の列で表し，点と点を結ぶ線は不要であるが，取得データの変化が把握しやすいように，点と点を結ぶ線を記入している。信号処理ではサンプリング間隔は重要な要素であるが，ここでは時間の概念を含めず，単にデータの列としての特徴のみを調べていることに留意されたい。

グラフから，大きく速く振ったときのときのほうが，加速度の変化も大きいことが確認できる。これらのデータに対して，Excel で用意されている関数を用いて，各種統計量を求めた結果を**表 1.1** に示す。

表 1.1　加速度データから求めた各種統計量

統計量	Excel 関数	ゆっくり振ったときのデータ	速く振ったときのデータ
平 均 値	AVERAGE	19.6	43.4
中 央 値	MEDIAN	18.6	43.7
分　　散	VAR.P	108.3	369.2
標準偏差	STDEV.P	10.4	19.2

振る速さにより，加速度の大きさの違いが顕著に表れている。また，分散，標準偏差から，加速度の大きさの変化（ばらつき）の相違が統計量から明確に確認できる。重力加速度（約 9.8 m/s^2）の影響により，加速度の平均値は 0 とならないことに注意が必要である。

1.2 分　　　　布

1.2.1 度 数 分 布

データの集団としての特徴を表す尺度として，データの出現回数を用いる方法がある。データの出現回数を度数と呼び，その度数の分布を表したものが度数分布である。度数分布表とは，データの出現回数を表した表である。選択式のアンケート項目のように，項目がはっきりしているものは，その項目を選んだ人数を数えたものが**表 1.2** に示す度数分布表となる。

表 1.2　度数分布表の例

項　目	度　数
悪　い	10
普　通	25
よ　い	65

表 1.3　階級値を含めた度数分布表

階　級	階級値	度　数	相対度数
130 cm 以上 135 cm 未満	132.5	3	0.10
135 cm 以上 140 cm 未満	137.5	6	0.19
140 cm 以上 145 cm 未満	142.5	6	0.19
145 cm 以上 150 cm 未満	147.5	6	0.19
150 cm 以上 155 cm 未満	152.5	5	0.16
155 cm 以上 160 cm 未満	157.5	5	0.16

身長のように連続した値を扱う場合，値を一定の範囲で区切り，この区切った区間を階級と呼ぶ。そして，階級に属する個数を数えたものが度数であり，度数分布表となる（**表 1.3**）。相対度数とは，全体のデータ数に対してその階級での度数の割合である。なお，それぞれの区間の端点の平均を階級値という。

離散的な値でも連続的な値と同様に，一定の範囲で区切って度数分布を作ることもある。このような値の例としては，年齢を年代別（10 代，20 代，…）の階級に分ける例などが挙げられる。

1.2.2 ヒストグラム

数値をグラフ化することで，データの特徴が把握しやすくなる。度数分布をグラフ化する場合，ヒストグラムがよく使用される。ヒストグラムは，度数あるいは相対度数を縦軸に，階級値を横軸にとって，度数分布表の値の棒グラフを作成したグラフである。ヒストグラムを書く場合は，階級値に注意する必要がある。階級の数は「$\sqrt{m}$」，階級の幅は「範囲$\div\sqrt{m}$」が目安として知られている。ここで，m は値のとりうる範囲である。

ヒストグラムを作成する前に，**図 1.5** の C 列に示すように階級を事前に準備しておく必要がある。ここでは，表 1.3 のような階級でヒストグラムを作ることとし，階級値の上限を設定している。Excel の[データ]タブ-[データ分析]を選ぶ[†]と，**図 1.6** のウィンドウが表示され，[ヒストグラム] が選択できる。[ヒストグラム] を選択し [OK] を押す。図 1.5 のウィンドウに示すように，[入力範囲] にデータが格納されている範囲を入力し，[データ区間] に階級の上限値が格納されている範囲を入力する。そして [出力先] には結果を書き込

図 1.5　入力途中の実行例

† Excel のデフォルトの設定では，メニューに表示されていない。表示方法は付録 C を参照。

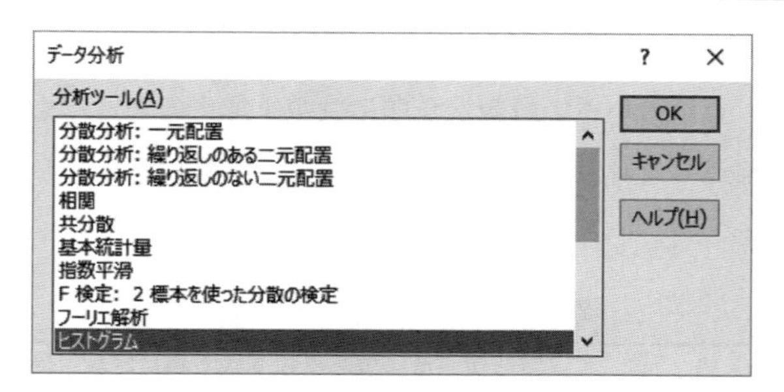

図 1.6　データ分析ウィンドウ

む場所（矩形の左上）を指定し，［グラフ作成］をチェックする。この階級（データ区間）の範囲のデータ数が頻度として求められ，ヒストグラムが表示される（**図 1.7**）。

	A	B	C	D	E	F	G
1	データ		階級				
2	141.5		135		データ区間	頻度	
3	139.6		140		135	3	
4	159.3		145		140	6	
5	139.7		150		145	6	
6	133.7		155		150	6	
7	135.2		160		155	5	
8	135.9				160	5	
9	133.5				次の級	0	
10	139.3						
11	156.5						
12	157.3						
13	155.8						
14	144.6						
15	151.6						
16	149.5						
17	144.7						
18	144.7						
19	148.6						
20	157.5						

ヒストグラム
8
6
4
2
0
頻度
135　140　145　150　155　160　次の級
データ区間
■頻度

図 1.7　ヒストグラム作成結果

1.2.3 累 積 度 数

度数分布で，変量の小さい階級から順に度数を加えていったものを累積度数分布という。前述した身長の度数分布を用いて，累積度数分布を求めると，**表1.4**のようになる。

表1.4　度数分布と累積度数分布

階　級	階級値	度　数	累積度数	相対度数	累積相対度数
130 cm 以上 135 cm 未満	132.5	3	3	0.10	0.10
135 cm 以上 140 cm 未満	137.5	6	9	0.19	0.29
140 cm 以上 145 cm 未満	142.5	6	15	0.19	0.48
145 cm 以上 150 cm 未満	147.5	6	21	0.19	0.68
150 cm 以上 155 cm 未満	152.5	5	26	0.16	0.84
155 cm 以上 160 cm 未満	157.5	5	31	0.16	1.00

表1.4には，表1.3で示した階級，階級値，度数および相対度数に加えて，新たに，各階級の度数を順に足し合わせた累積度数，相対度数を階級ごとに積算したもの（累積相対度数）を示している。ここで，累積相対度数の定義からも明らかなように，累積相対度数の最大値は1であり，ある階級までの累積相対度数は，その階級までの累積度数が全体に占める割合を示している。

表1.4から，以下のようなデータの持つ特徴や傾向がより把握しやすくなる。逆に，把握しやすいように階級の数を設定する必要がある。

・度数が最も大きい階級

・ある身長未満（以上）の生徒の人数

・身長が低い（高い）ほうから X 番目の生徒の属する階級

また，一般にこれらのデータの分布にはある性質がある。正規分布などはその代表的な例である。正規分布については，3.2節で述べる。

―― 事例：加速度データを用いた加速度分布の評価 ――

ヒストグラムによって，データの特徴を視覚的に把握する例を示す。図1.4に示した加速度データ（各サンプル数40個）の出現頻度をヒストグラム化した結果（[挿入]タブ-[グラフ]-[縦棒グラフ]）を**図 1.8** に示す。この結果から，明らかに，速く動かした場合のほうが，大きい加速度の値を多く含んでいることが一見で確認できる。

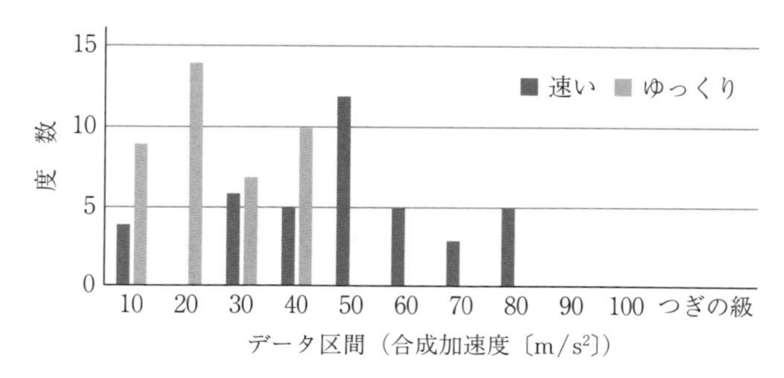

図 1.8　加速度データのヒストグラム

つぎに，机上に 2 台のスマホを置いて，静止時における重力加速度の方向の加速度データを取得し，その分布をヒストグラムとして示す（**図 1.9**）。ヒストグラムはスマホの z 軸方向の加速度の値から求める。二つの機種の加速度データを取得した理由は，スマホ内蔵センサの個体差を調べるためである。静止状態でかつ同一面に置いた場合の加速度の値なので，同じでかつ，一定値であることが期待されるが，値の差異†や，若干の変動があることがグラフ化に

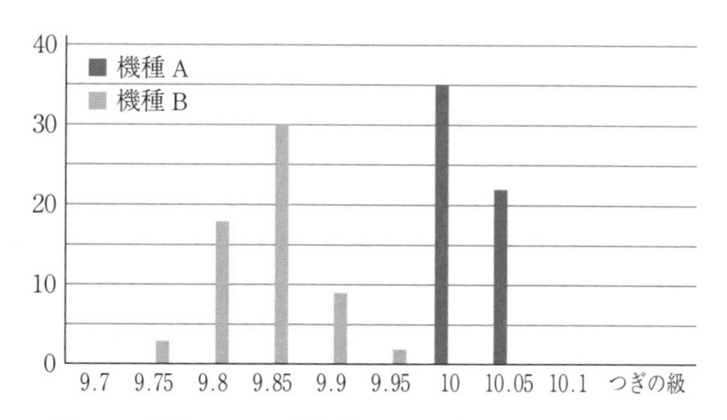

図 1.9　機種 A，B の静止時における加速度データの分布

† 　センサ個体の相違，センサのスマホの本体内部への取付けの影響も考えられる。また，スマホ筐体の歪みによる設置時の条件の相違なども原因として考えられる。

より把握できる。このように，グラフ化はデータの全体の傾向を一見して把握および，比較できるので，説明資料に説得力を持たせるためにきわめて重要な手段である。

1.3 正　規　化

正規化には，その処理方法によって二つの意味がある。一つ目は，データの値を直感的にわかりやすい大きさに変換する処理である。すなわち，値の範囲が，0 から 1，または 0 から 100 などのように一般的な区間に入っていると，直感的に理解しやすい。例えば，「74 点満点で 52 点」といわれるよりも，正規化し「100 点満点に換算して 70 点」といわれたほうが，その得点の表す意味を感じやすい。

このようにデータを一定のルールに基づいて変形し，利用しやすくすることを正規化という。正の値からなるデータを 0 から 1 の間の範囲に収まるようにしたいとき，各データをそれらのデータの取りうる最大値で除算すればよい。

また，正の値からなるデータを 0 から 100 の間の範囲に収まるようにしたいときは，前述と同様に，各データをそれらのデータの取りうる最大値で除算し，100 をかければよい。

二つ目は，各データの大きさの相違や分布を含めて比較する場合やさまざまなデータをあわせて比較する場合（例えば，満点や平均点が大きく異なる，国語の得点と数学の得点の合計）や，性質の異なる項目をまとめて一つの尺度として比較する場合（例えば，打者の力量としての打率と打点による評価）などでの処理である。これらの場合，当然ながら各データの大きさや性質が異なり，単純に加えた値を評価データにはできないことは，自明である。

ここでは国語と数学のテストの点の比較を例に挙げる（**表 1.5**）。テストの点は通常 100 点満点になっているので，一つ目の意味の正規化は行われている。しかし，表 1.5 に示した 5 人の国語と数学のテストの成績で考えてみる

表 1.5　国語と数学のテストの成績

生　徒	A	B	C	D	E	平均点
国　語	90	80	70	60	50	70
数　学	40	90	30	20	10	38

と，A 君の国語の 90 点と B 君の数学の 90 点は，同じ得点なので同じ評価とするのは，早計である。数学の平均点は低いため，数学の 90 点は価値が高い，と考えるのが妥当であろう。

つぎに得点が同じで，かつ全体の平均点も同じ場合について考えてみる（**表 1.6**）。平均点が同じで得点も同じだが科目が違う場合，つまり A 君の国語の 90 点と B 君の数学の 90 点は同様の評価としてよいであろうか。標準偏差を見ると，国語は 14.1，数学は 28.3 である。標準偏差から，国語の得点のばらつきは数学の得点よりも小さいことがわかる。このことは，国語の得点はよい得点を取りにくいが，逆に悪い得点も取りにくい，ということを示している。すなわち，標準偏差が小さい国語の 90 点のほうが，数学の 90 点よりも取りにくく，その得点の価値は高い，といえる。

表 1.6　国語と数学のテストの成績（平均点が同じ）

生　徒	A	B	C	D	E	平均点	標準偏差
国　語	90	80	70	60	50	70	14.1
数　学	80	90	100	60	20	70	28.3

このような考え方に基づいて，以下の基準値 Z が定義される。データ x から平均値 μ を引き，その値を標準偏差 σ で割ることによって，集団の中での相対的な位置を明らかにする。この操作を正規化，標準化あるいはノーマライゼーションと呼ぶ。

$$Z=\frac{x-\mu}{\sigma} \tag{1.12}$$

定義式から基準値の平均値は 0，標準偏差は 1 となることは明らかである。ちなみに，偏差値 H は式 (1.13) で定義される。

$$H=10Z+50 \tag{1.13}$$

式 (1.13) より平均値は 50，標準偏差は 10 となるように調整した値が偏差値である。基準値，偏差値は平均値，標準偏差が異なるデータに関して一元的に比較できるので，汎用的な評価尺度になっている。また，基準値は定義式で明らかなように，そのデータの中での位置を示す尺度となっており，もとのデータの単位や性質が異なるものでも足し合わせて考えることができる。例えば，打率と打点，それぞれの偏差値を求め，それを合算することによって，打者としての力量の判断材料とすることも論理的には可能となる。もちろん，この場合は打率と打点を同じ重要度と考えることが前提になっていることに留意する必要がある。

なお，偏差値はデータが 3.2 節で述べる正規分布であることを前提とした値であり，正規分布に近いときに適切な指標となる。偏差値は分布により，いかような値も取ることになる。そのため，データの中で非常に小さい値，大きい値がある場合，分布のピークが 2 か所ある場合，突出した値がある場合などは，指標として適切に作用していない可能性が高いと考えるべきである。塾や進学校などの同一な学力レベルとやる気を有している集団のデータを除いては，学力は正規分布していないことが多いため，処理には注意が必要である。

―― 事例：加速度データを用いた正規化の一例 ――

例えば空中で文字を描く動作の認識を考える。この場合，描かれた文字の大きさや描画速度に依存せず認識できることが重要であると思われる。その意味で生データ（センサから直接取得する何も処理していないデータのこと）を前述の正規化で前処理を行い，認識処理のためのデータとすることが妥当であると考えられる。

ここでは，○という形を ① スマホを持って肩を中心に大きく腕を回転させたときと，② スマホを持って肘を中心に腕を回転させたときの 3 軸合成加速度データ（式 (1.11) で処理したもの）に対して，正規化処理を適用する。正規化処理前の ① と ② を**図 1.10** に示す。どちらも同じ○という軌跡であることから，加速度の値は異なるものの，類似した波形が予想されるが現実に得ら

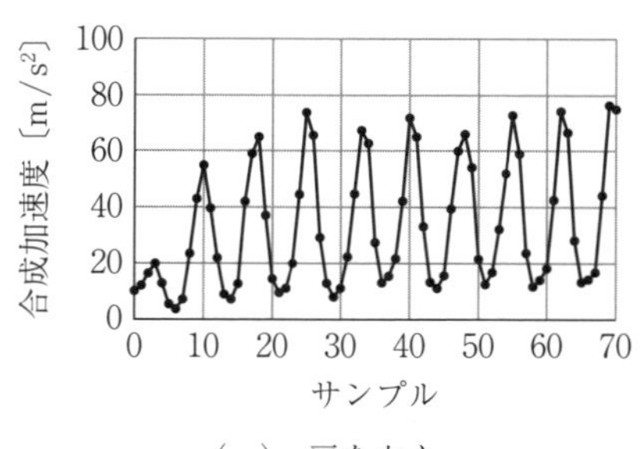

（a） 肩を中心

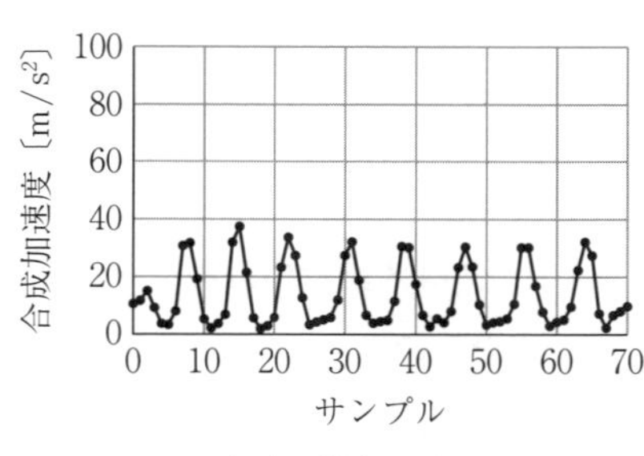

（b） 肘を中心

図 1.10　○を描いたときの加速度データの比較

れている。

正規化した結果を**図 1.11** に示す。同じ○を描画した場合でも大きく描画した場合と小さく描画した場合で，生データの値は大きく異なるが，正規化後のデータはほぼ同じ値となっている。例えばこれを認識処理の入力データとすることによって，認識率が向上することは明らかであろう。このように得られたデータの具体的な意味を考えて，正規化処理を行い，それらを比較したり，判別や認識対象とすることは多くの場合で前処理として行われている。

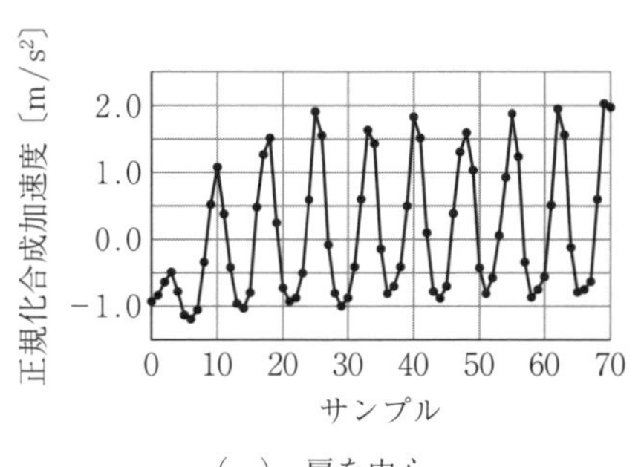

（a） 肩を中心

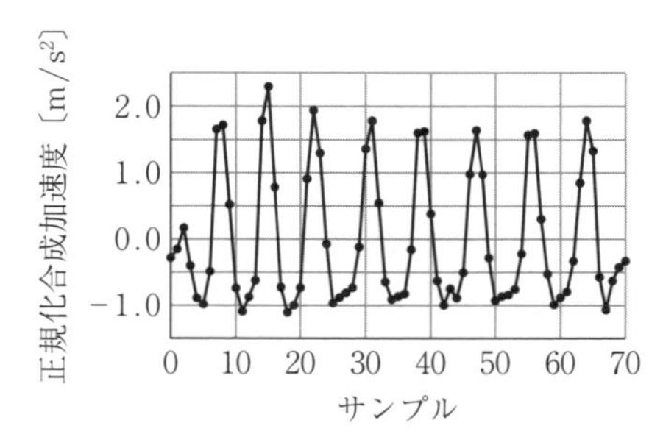

（b） 肘を中心

図 1.11　正規化後の加速度データの比較

1.4 クロス集計

1.4.1 クロス集計の意義

平均値や分散などの代表値や度数分布は，データ全体の傾向を知るうえできわめて有効な数値である。しかし一方で，例えば年齢によるスマホの所有率の比較，男子と女子による好きなスポーツの相違などまでは，明らかにすることはできない。これを解決する手法として，クロス集計がある。クロス集計の項目を1個にしたものは，単純集計と呼ぶことが多い。単純集計はある項目で区分し，その区分ごとに集計することで，特徴を抽出する集計方法である。例えば，男性と女性で分けてから，ある商品の満足度（1から5）の数を集計することで男女の嗜好の差を見ることができる。

クロス集計では，二つ（以上）の質問項目をクロスして表を作成することにより，相互の関係を明らかにできる。回答の取り方が数量データ（量的データ），カテゴリデータ（質的データ）の相違によって，数量クロス集計と件数クロス集計に分類される。なお，カテゴリデータとは血液型，出身県のような分類の意味としてのデータであり，大小比較や各種演算はできないデータである。

具体例として，男女別と年代別に分けて，ネットショッピング経験の有無を見ることが挙げられる。ショッピングへの関心は性別，ネット使用の頻度では年代別により，分布に差が出ることが確認できると思われる。

クロス集計をする場合，各カテゴリ数に注意する必要がある。先の例では，男女別・年代別のそれぞれに一定数のデータ数がないと，クロス集計の意味がない。例えば，集計したデータの年代に偏りがある場合，データ数が多いカテゴリでは正しい推測ができるが，データ数が数個しかないカテゴリでは意味のあるデータとはいえない。そのため，クロス集計をする際には，多くのデータをバランスよく取得する必要があるため，データの収集にはコストがかかることに注意が必要である。

また得られた（クロス）集計の意味付けにも注意が必要である。携帯電話がそれほど普及していない頃，小学生の成績を集計する際，携帯電話の所持の有無でグループ分けをした結果，「携帯電話を所持している小学生の平均点は，携帯電話を所持していない小学生の平均点よりも高い」という結果が得られた。この結果から，携帯電話を持つと，成績がよくなると結論付けるのは早計である。この場合は，「成績のよい子が中学受験のため塾に通い，塾通いを心配して親が携帯電話を持たせている」と考えるのが妥当であろう。つまり，携帯電話を持っているから成績がよいのではなく，成績のよい子が塾通いのために携帯電話を持たされているのである。

同様に，交通事故関連の統計から得られた注意喚起として，「家の近くほど事故が多い。そのため，家に近づくほど気をつけなさい」があった。これも間違いである。家に近い場所を走行している時間（頻度）と，家から遠い場所を走行している時間（頻度）では，圧倒的に家に近い場所を走っている時間のほうが長い。事故の起きる頻度は走っている時間に比例するため，走っている時間が長いほう，つまり家に近い場所での事故が多いのは当たり前である。これらの事例を踏まえて，単に技法としてクロス集計を使うのではなく，それらに関係性があるのかを吟味した後，関係度合いを数値化するために使用するものであることに留意したい。

1.4.2 クロス集計の作成

統計でクロス集計と呼ばれる集計方法は，Excel ではピボットテーブルと呼ばれる機能を用いて実現できる。Excel のピボットテーブルを用いることで，以下のような集計が簡単にできる。

- 男女ごとの人数を求める。
- 男女ごとの身長の平均を求める。つまり，男性の身長の平均と女性の身長の平均を求める。
- 学部ごとの男女の学生数を数える。例えば学部が 5 学部のとき，5 学部と男女の，5×2 グループ（10 グループ）に分け，それぞれのグループごとの人数を数える。

ピボットテーブルでは，どのカテゴリに分けるか，カテゴリ分けした後に何を求めるかを指定する。詳しい使い方は付録 B に譲る。

今回の例では，**表 1.7** を対象となるデータとし，「性別ごとに分け，身長の平均を知りたい」とする。この時の作業は，[挿入]タブ-[ピボットテーブル]を選択し，ピボットテーブル作成画面にした後，以下の手順でピボットテーブルを作成する。

・[性別]を[行]にドラッグ＆ドロップ

・[身長]を[値]にドラッグ＆ドロップ

・[値]のところの[合計 / 身長]をクリックし，[値フィールドの設定]をクリック

　➢[値フィールドの集計]から[平均]を選ぶ

表 1.7　身長と性別

身　長	性　別	身　長	性　別
165	男	172	男
160	男	153	女
155	女	168	男
162	男	154	女
160	女	153	女
158	女	167	男

これで，男女別の平均を求めることができる。これは，数量クロス集計と呼ばれるものでカテゴリデータと数量データの関連が把握できる（**図 1.12**）。カテゴリ間の平均値に差があるほどカテゴリデータと数量データとの関連はあ

行ラベル	平均 / 身長
女	155.5
男	165.6666667
総計	160.5833333

図 1.12　男女別平均身長のクロス集計

表 1.8　性別ごとの喫煙経験

性　別	喫煙経験	
	あ　り	な　し
男　性	78%	22%
女　性	24%	76%

る，といえる。

つぎに件数クロス集計の例を述べる。この集計では，カテゴリデータと他のカテゴリデータの関連が把握できる。**表 1.8** に例を示す。

一般的にクロス集計といえば，この件数クロス集計を指すことが多い。この集計は，因果関係を調べる手法ともなりうる。因果関係を調べるときには，原因となる項目（説明変数）を分類項目，結果となる項目（目的変数）を集計項目としてクロス集計をすることによって，原因と結果の関係が明確になる。

パソコンの保有（1：有，2：無）と性別（1：男，2：女）を調査したデータをクロス集計することにより，パソコンの有無と性別の関係が明瞭となる。前述の数量クロス集計と同様に，[挿入]タブ-[ピボットテーブル]を選択し，ピボットテーブル作成画面にした後，以下の手順でピボットテーブルを作成する。

・[性別]を[行]にドラッグ＆ドロップ

・[パソコン保有有無]を[列]にドラッグ＆ドロップ

・[パソコン保有有無]を[値]にドラッグ＆ドロップ

・[値]のところの[合計 / パソコン保有有無]をクリックし，[値フィールドの設定]をクリック

　➤[値フィールドの集計]から[合計]を選ぶ

作成されたピボットテーブルを**図 1.13** に示す。図には，クロス集計作成後に，可読性向上のために，右側に「男」，「女」，および下部に「有」，「無」を追記している。図から，男性のほうがパソコンを所有している割合が高いことがわかる。

データの個数 / パソコン保有有無	列ラベル			
行ラベル	1	2	総計	
1	6	3	9	男
2	2	7	9	女
総計	8	10	18	
	有	無		

図 1.13　男女別パソコン保有数のクロス集計

1章の振り返り

（1） 平均値，分散，標準偏差の算出式を書け。

（2） データの性質を表現するために，平均値だけでは不十分で，分散，あるいは標準偏差が必要な理由を述べよ。

（3） 平均値ではなく中央値を使ったほうが適切な場合があるが，それはどのようなデータを扱うときか。

（4） 偏差値の算出式を示せ。そして，偏差値を使うことが妥当なデータ（偏差値を使うのは不適切なデータ）はどのようなデータか述べよ。

（5） 身近な例で，クロス集計することで，有意義な結果が得られる例題を考えよ。

2

回 帰 分 析

二つのデータに関係がある場合，一方の値がわかると，もう一方の値を予測できる。例えば，身長と体重，勉強時間と試験の得点には（少なからず）関係があるため，一方から他方を予測できる。多変数からなるデータにおいて，特定の一変数を他の変数から説明し，予測する手法が回帰分析である。回帰分析は，二つの変数からなるデータを対象とする単回帰分析（一変数から他の一変数を予測）と，三つ以上の変数からなるデータを対象とする重回帰分析（複数の変数から，残りの一変数を予測）に分けられる。

2.1 単 回 帰 分 析

二つのデータを散布図としてプロットしたとき，二つのデータの関係は，**図 2.1** の左側のように直線上にきれいに点が乗ることは少なく，多くの場合，図の右側のように，ある程度ばらついていることが多い。

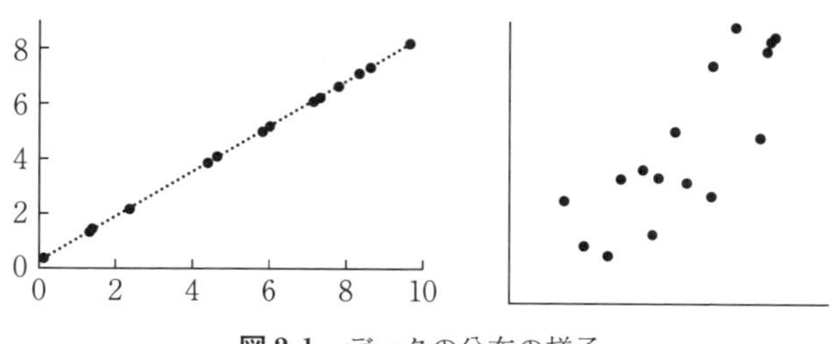

図 2.1　データの分布の様子

このばらついた点を，直線（あるいは曲線）でモデル化することを試みる。それぞれの点と直線が一番近くなるように，すなわち直線との誤差（の二乗）ができるだけ小さくなるような直線（あるいは曲線）を求めることによって，一方の変数から他方の変数を予測する。この直線を回帰直線（曲線の場合は回帰曲線）と呼ぶ。

2.1.1　回帰直線の算出

回帰直線は，一般式として以下で与えられる。

$$y = ax + b \tag{2.1}$$

ここで，x は説明変数，y は目的変数と呼ばれる。実データとこの回帰直線から求められる予測値 $\hat{y}_i = ax_i + b$（$i = 1, 2, \cdots, n$）との誤差を e_i とすると，誤差（残差とも呼ばれる）は，式 (2.2) で与えられる。

$$e_i = y_i - \hat{y}_i = y_i - (ax_i + b) \tag{2.2}$$

この誤差を最も小さくする a，b を求める。この最小化は，式 (2.3) で示される残差平方和を最小化することであり，最小二乗法によって求めることができる。最小二乗法は，実験結果とその近似直線から求められる値の差（誤差）を最小にするような場合など，広く使われている手法である（**図 2.2**）。「誤差」ではなく「誤差の二乗」とするのは，単純に誤差を加算した場合，プラスの誤差とマイナスの誤差で誤差を打ち消してしまうことを避けるためである。

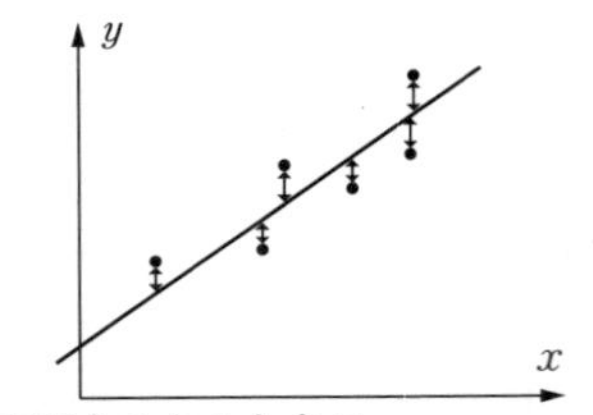

図 2.2　実際の値と近似直線との誤差

$$S = \sum_{i=1}^{n} e_i^2 = \sum_{i=1}^{n} \left(y_i - ax_i - b \right)^2 \tag{2.3}$$

この S が最小となる a，b は，式 (2.3) を a と b で偏微分したものが 0 となる場合である。要するに，2 次関数の最小値となる停留点を求めることになる。偏微分したものを 0 とすると，式 (2.4) が得られる。

$$\begin{aligned} \frac{\partial S}{\partial a} &= -2\sum_{i=1}^{n} x_i \left(y_i - ax_i - b \right) = 0 \\ \frac{\partial S}{\partial b} &= -2\sum_{i=1}^{n} \left(y_i - ax_i - b \right) = 0 \end{aligned} \tag{2.4}$$

これらを整理して

$$\begin{aligned}\left(\sum_{i=1}^{n} x_i^2\right)a+\left(\sum_{i=1}^{n} x_i\right)b&=\sum_{i=1}^{n} x_i y_i\\ \left(\sum_{i=1}^{n} x_i\right)a+\left(\sum_{i=1}^{n} 1\right)b&=\sum_{i=1}^{n} y_i\end{aligned} \tag{2.5}$$

を得る。この式 (2.5) の連立方程式を解くことによって，係数 a，b すなわち，回帰直線が得られる。

$$\begin{aligned}a&=\frac{n\sum_{i=1}^{n} x_i y_i-\sum_{i=1}^{n} x_i\sum_{i=1}^{n} y_i}{n\sum_{i=1}^{n} x_i^2-\left(\sum_{i=1}^{n} x_i\right)^2}\\ b&=\frac{-\sum_{i=1}^{n} x_i y_i\sum_{i=1}^{n} x_i+\sum_{i=1}^{n} x_i^2\sum_{i=1}^{n} y_i}{n\sum_{i=1}^{n} x_i^2-\left(\sum_{i=1}^{n} x_i\right)^2}\end{aligned} \tag{2.6}$$

回帰直線が求まると，説明変数の値 x を知ったときの目的変数 y の値を予測することができる。これが単回帰分析である。

2.1.2　回帰直線の評価

ある二つのデータの散布図と回帰直線が，**図 2.3** のようになったとき，明らかに，左側の図の回帰直線のほうがデータの性質を的確に表現している。回帰直線でデータの性質を的確に表現できるかはデータに依存する。つまり，データによっては，回帰分析による回帰直線は意味をなさないこともある。なぜなら，回帰分析は二つのデータ間に関係があることを保証しておらず，単に誤差

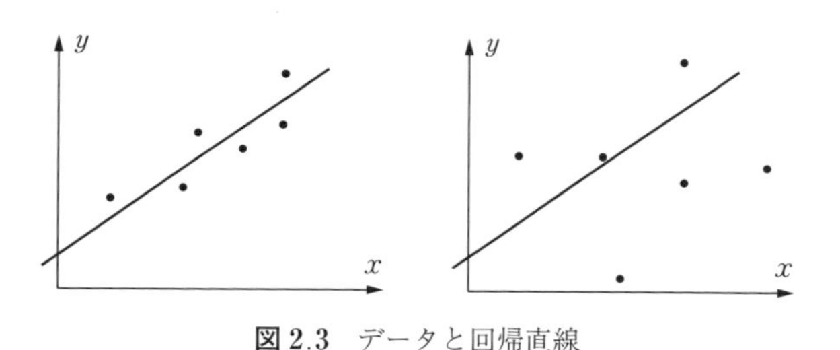

図 2.3　データと回帰直線

が最も小さくなる直線を求めているにすぎないためである。したがって，機械的に回帰分析を行うのではなく，回帰直線そのものの妥当性を確認する必要がある。妥当性の指標として，データに対する回帰直線の当てはまり具合を定量的に示す決定係数 R^2 がある。

決定係数 R^2 は，以下に示す方法で算出される。線形回帰分析の場合，次式が成り立つことが証明されている。

$$S_y^2 = S_{\hat{y}}^2 + S_e^2 \tag{2.7}$$

目的変数 y，予測値 $\hat{y}$，残差 e の分散を順に S_y^2，$S_{\hat{y}}^2$，S_e^2 としている。ここで，予測値とは回帰直線の式から予測したデータの値である。**図 2.4** は式 (2.7) の意味を図示したものである。

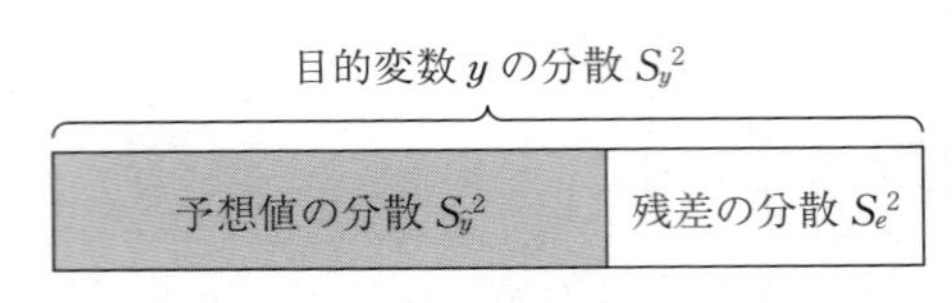

図 2.4　目的変数と予測値の分散の関係

式 (2.7) から明らかに残差の分散が小さいほど，すなわち S_e^2 が小さいほど，回帰直線の予測精度が高いことを示している。このことから，S_e^2 によって値が変化する決定係数 R^2 を導入する。

$$R^2 = \frac{S_{\hat{y}}^2}{S_y^2} \tag{2.8}$$

決定係数 R^2 は目的変数 y の情報量の中で予測値 $\hat{y}$ の情報量が占める割合を示している。R^2 は，式 (2.7) と式 (2.8) から明らかなように，0 ～ 1 の範囲を取り，1 に近いほど回帰直線による予測精度が高い。決定係数の値がいくつ以上であれば，分析精度がよいという明確な基準はないが，一般的には以下の値が用いられている。

$R^2>0.8$：分析の精度が非常によい（回帰直線はデータをよく表現している）

$R^2 \geqq 0.5$：ややよい

$R^2<0.5$：よくない

なお，この決定係数は，相関係数を二乗したものと同じ値になることが知られている。相関係数とは，二つの確率変数の間にある線形関係の強弱を測る指標であり，-1 以上 1 以下の値を取る。この相関係数から，二つのデータ間の相関が高い（関係性が強い），相関が低い，相関が見られない，という形での評価もできる。なお，係数 a の正負に応じて，正の相関，負の相関がある，という表現も用いられる（**図 2.5**）。

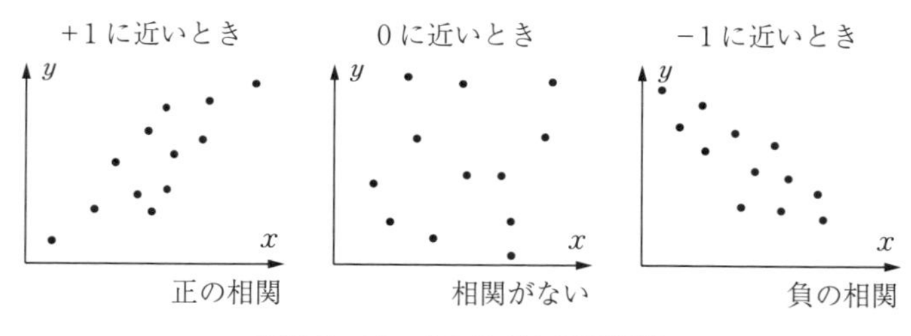

図 2.5　データの分布と相関係数

2.1.3　Excel を用いた単回帰分析

回帰分析を使って値を予測するときは，Excel の TREND 関数を使う。TREND 関数は，既知の目的変数 y と既知の説明変数 x の列に最小二乗法によって回帰直線を求め，その直線を用いて，指定した新しい x に対する予測値を返すものであり，以下の 3 引数を持つ。

1 引数：目的変数の列（既知の y の列）

2 引数：説明変数の列（既知の x の列）

3 引数：知りたい説明変数（新しい x）

図 2.6 に示す身長，体重の関係から，回帰直線を求める例を示す。ここでは，身長を目的変数，体重を説明変数とする。すなわち，体重から身長を予測する。

このとき，セル C2 に，「=TREND($B$2:$B$8, $A$2:$A$8, A2)」を設定することで，ある体重の値から身長の予測値が求まる。

Excel は式が格納されたセルをコピーすることで，他のセルに式を入力することが可能である。このときセルの相対的な関係を考慮し，式内のセルアドレ

	A	B	C	D
1	体重	身長	予測1	予測2
2	68.0	170.0		
3	71.0	175.0		
4	67.0	165.0		
5	69.5	167.0		
6	77.0	170.0		
7	95.6	180.0		
8	61.0	170.0		
9				
10			R2	
11			a	b
12				

図 2.6　身長と体重のデータ

	A	B	C	D
1	体重	身長	予測1	予測2
2	68.0	170.0	169.4	169.4
3	71.0	175.0	170.4	170.4
4	67.0	165.0	169.0	169.0
5	69.5	167.0	169.9	169.9
6	77.0	170.0	172.5	172.5
7	95.6	180.0	178.9	178.9
8	61.0	170.0	166.9	166.9
9				
10			R2	0.59
11			a	b
12			0.35	145.86

図 2.7　回帰分析の結果

スは適切に調整される。すなわち，セルの移動分を考慮してセルの番号も移動分だけ変化する（相対参照）。しかし，この適切な自動調整が好ましくないときがある。この調整を行わないのが絶対参照であり，セルアドレスに「$」を付加する。図 2.6 の場合，予測に使う目的変数および説明変数はコピー後も同一であるべきなので，目的変数および説明変数を表すセルアドレスには，「$」を付加している。セル C2 の入力内容を C3 から C8 にコピーすることで，他の説明変数に対する予測値も求めることができる。

また，決定係数 R^2 は，RSQ 関数を使って求められる。引数は 2 個必要で，TREND 関数の 1 引数，2 引数と同じである。

　　1 引数：目的変数の列（既知の y の列）

　　2 引数：説明変数の列（既知の x の列）

決定係数 R^2 を求めるために，セル D10 に「＝RSQ(B2:B8, A2:A8)」と設定する。**図 2.7** では，小数第 2 位まで表示するようにセルを設定しているが，デフォルトではセル幅一杯に数値が表示される。

説明変数から目的変数を予測するだけでは，定数 a および b を知る必要はないが，定数 a および b が知りたいときもある。このときは，LINEST 関数を使い，配列数式として入力する。LINEST 関数は以下の 2 引数からなる（TREND 関数の 1，2 引数と同じである）。

　　1 引数：目的変数の列（既知の y の列）

2引数：説明変数の列（既知の x の列）

配列数式の機能の一つとして，数式1個の結果を複数のセルに表示させる機能がある。この機能を用いて，定数 a と b の2個の値を表示させる。セルC12に定数 a，セルD12に定数 b を表示させたいとき，C12からD12までを範囲指定してから，セルC12に「=LINEST(B2:B8, A2:A8, TRUE)[†1]」を入力し，Ctrl+Shift+Enterを押下すると，図2.7のように，2個の値が表示される。前述と同様に，この値も，デフォルトではセル幅一杯に計算されるが，小数第2位までの表示としている。入力したセルには「{=LINEST(B2:B8, A2:A8)}」と「{ }」付きで表示される。カッコはExcelが自動でつけているもので，手入力でつけても，この結果は得られない。

定数 a および b が正しく計算できているかを確認するために，セルD2に $aX+b$ のExcel式である「=$C$12*A2+$D$12」を入力し，予測値が正しく求まっているか確認する。その後，D3からD8にコピーする（図2.7）。

予測値1ではLINEST関数を使って求め，予測値2では $aX+b$ のExcel式で求めている。当然ながら，両者の値は同じになり，どちらの方法でも，予測値を求められる。**図2.8**に，式をすべて表示した形式[†2]のExcelシートを示す。

	A	B	C	D
1	体重	身長	予測1	予測2
2	68	170	=TREND($B$2:$B$8, $A$2:$A$8, A2)	=$C$12*A2+$D$12
3	71	175	=TREND($B$2:$B$8, $A$2:$A$8, A3)	=$C$12*A3+$D$12
4	67	165	=TREND($B$2:$B$8, $A$2:$A$8, A4)	=$C$12*A4+$D$12
5	69.5	167	=TREND($B$2:$B$8, $A$2:$A$8, A5)	=$C$12*A5+$D$12
6	77	170	=TREND($B$2:$B$8, $A$2:$A$8, A6)	=$C$12*A6+$D$12
7	95.6	180	=TREND($B$2:$B$8, $A$2:$A$8, A7)	=$C$12*A7+$D$12
8	61	170	=TREND($B$2:$B$8, $A$2:$A$8, A8)	=$C$12*A8+$D$12
9				
10			R2	=RSQ(B2:B8,A2:A8)
11			a	b
12			=LINEST(B2:B8,A2:A8)	=LINEST(B2:B8,A2:A8)

図2.8 セル内の式の表示

†1 3引数目のTRUEは，Y 切片を必要とする，つまり $y=ax+b$ で近似することを示す。FALSEの場合，$y=ax$ で近似する。3引数目は省略することも可能で，省略した場合，TRUEが指定されたものとする。

†2 ［データ］タブの［数式の表示］で，数式が表示される。

データのばらつき具合を回帰直線付きのグラフとして見るための手順を示す。セル A1:B8 を範囲指定し，リボンの［挿入］タブから［散布図］を選ぶことで，散布図が作成できる。散布図（グラフ）を作成した後，グラフの右上の［＋］をクリックし，［近似曲線］をチェックすることで，近似曲線が描かれる。式を追加したい場合は，［近似曲線］の右横の［▶］をクリックし，［その他のオプション］をクリックする（**図 2.9**）。右側に表示されるペインの下部にある［グラフに数式を表示する］をクリックすると，数式が表示される。同様に，［グラフに R-2 乗値を表示する］をクリックすると，R^2 の値が表示される。

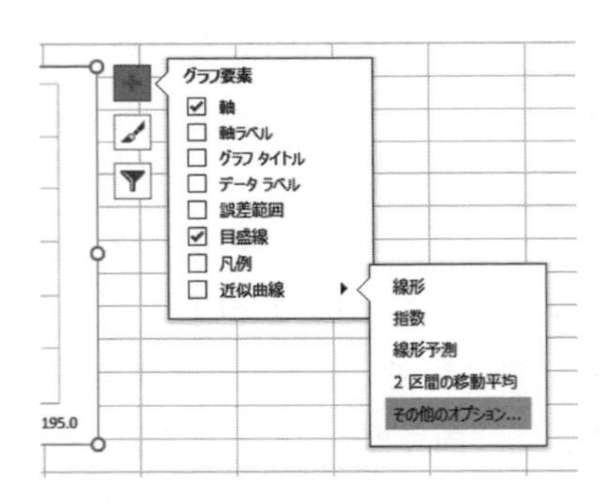

図 2.9　回帰直線の表示と R^2 の表示

2.1.4　Excel の分析ツールによる単回帰分析

Excel の分析ツールを用いて単回帰分析すると，さまざまな情報が得られる。メニューに分析ツールを表示する方法は，付録 C に記述する。

［データ］タブの［データ分析］をクリックすると，**図 2.10** のウィンドウが

図 2.10　回帰分析の選択

現れる。

［回帰分析］を選んで［OK］をクリックする。［入力 Y 範囲］に目的変数の値，［入力 X 範囲］に説明変数の値，［一覧の出力先］に結果を出力するセルアドレスを入力し［OK］を押す（**図 2.11**）。

係数に，定数 a と b の値が格納されている。決定係数は，「重決定 R2」として出力されている。また，相関係数は「重相関 R」と表示されている（**図 2.12**）。

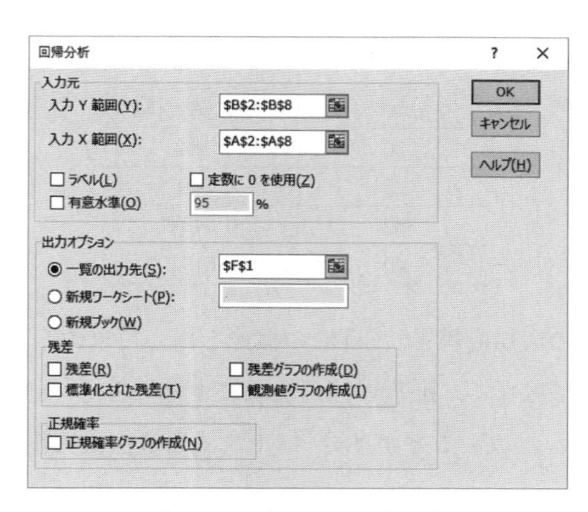

図 2.11　回帰分析の入力設定

	A	B	C	D	E	F	G	H	I	J	K	L	M	N
1	体重	身長	予測 1	予測 2		概要								
2	68.0	170.0	169.4	169.4										
3	71.0	175.0	170.4	170.4		回帰統計								
4	67.0	165.0	169.0	169.0		重相関 R	0.766596							
5	69.5	167.0	169.9	169.9		重決定 R2	0.58767							
6	77.0	170.0	172.5	172.5		補正 R2	0.505204							
7	95.6	180.0	178.9	178.9		標準誤差	3.540456							
8	61.0	170.0	166.9	166.9		観測数	7							
9														
10			R2	0.59		分散分析表								
11			a	b			自由度	変動	分散	観測された分散比	有意 F			
12			0.35	145.86		回帰	1	89.32585	89.32585	7.126210892	0.0443753			
13						残差	5	62.67415	12.53483					
14						合計	6	152						
15														
16							係数	標準誤差	t	P-値	下限 95%	上限 95%	下限 95.0%	上限 95.0%
17						切片	145.8586	9.512628	15.33315	2.1407E-05	121.405597	170.311576	121.405597	170.311576
18						X 値 1	0.345688	0.129496	2.669496	0.044375305	0.01280901	0.67856752	0.01280901	0.67856752

図 2.12　セル内の式の表示

事例：サーミスタの抵抗-温度特性

サーミスタとは，温度による抵抗値の変化を用いて，温度測定を行うセンサである[†1]。**表2.1**の抵抗-温度特性が仕様として提示されている場合の抵抗-温度特性直線を求める[†2]。

表2.1　サーミスタの抵抗-温度特性

温　度〔℃〕	抵　抗〔kΩ〕
−10	3.651
0	2.449
10	1.684
20	1.184
25	1.000
30	0.848 6
40	0.618 9

温度と抵抗値の回帰直線を，Excelの機能を用いて求める。近似曲線は，1次（回帰直線）ではなく，m次の回帰曲線にすることもできる。ただし，通常は3次までにとどめることが多い[†3]。1次式と3次式の場合の結果を，**図**

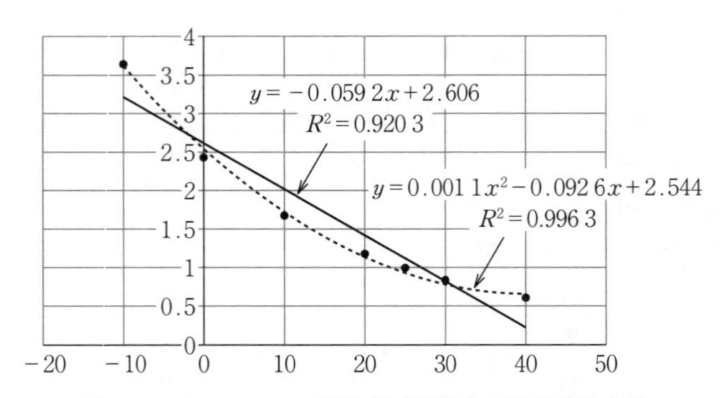

図2.13　サーミスタの抵抗-温度特性と回帰直線と曲線

†1　マイコンの入力は電圧信号であり，各種センサの物理的変化（この場合は抵抗値）を回路によって電圧変化として検出して，マイコン内での処理によって温度として計測する。

†2　高精度サーミスタ特性表による。（http://akizukidenshi.com/download/ds/semitec/at-thms.pdf）

†3　オーバーフィッティングと呼ばれる，対象の特性に過剰に合わせることを回避するためである。オーバーフィッティングのある状態で，値を予測すると，近似誤差が大きくなることがある。

2.13 に示す。この式を用いることで，範囲内の任意の抵抗値から温度の測定ができる。図から明らかに3次式のほうが特性を正確に記述していることが確認できる。ただし，演算量は増えるので要求精度やオーバーフィッティングなどを踏まえて，回帰分析の次数を決めるべきである。

―― 事例：歩数と加速度の関係（1）――

付録Aに示したApp Inventorには，センサブロックの要素としてPedometer（歩数計）ブロックが用意されている。ここでは，歩数と加速度の関係を回帰分析で明らかにする。**図2.14** に示すように，スマートフォン（スマホ）を脚部にホルダーを用いて取り付け，1分間の歩行時の歩数と加速度を測定する。ここでの歩き方は，歩幅を変えず，歩行速度を変化させる，つまり脚の動きを速くすることで，歩数と加速度の関係を見る。

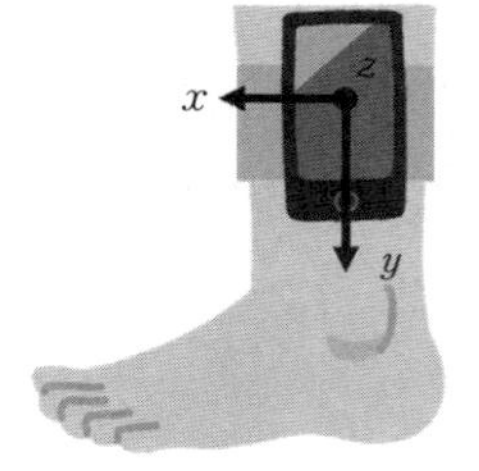

図2.14　スマートフォンの取付け

加速度は，式(1.11)で示した3軸合成値とし，歩数とその平均，標準偏差の両方で調べる。その結果を **図2.15**，**図2.16** に示す。歩数と3軸合成した加速度の平均値，標準偏差ともに，決定係数は，それぞれ0.96と0.95であり，きわめて相関が高いことがわかる。

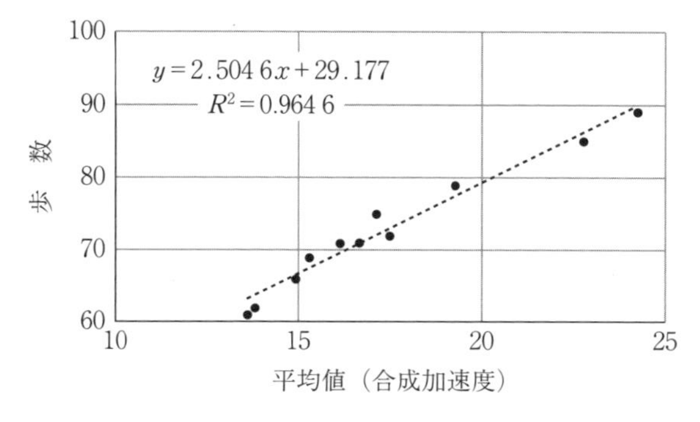

図2.15　加速度の平均値と歩数の関係

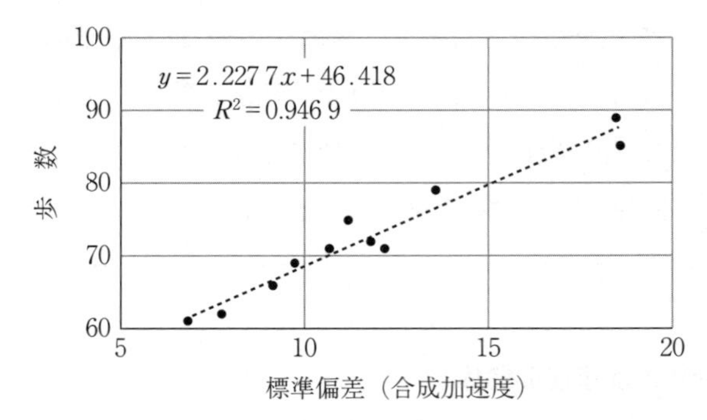

図 2.16　加速度の標準偏差と歩数の関係

表 2.2 に回帰分析の対象となった歩数と加速度の測定データと回帰分析による歩数の予測値を示す。加速度の平均あるいは標準偏差を知ることができれば，歩数の推定を精度よく行えることをこの結果は示している。

表 2.2　歩数の測定データと回帰分析による予測値

歩　数	A 平均	予測 1	A 標準偏差	予測 2
61	13.60	63	6.82	62
62	13.80	64	7.76	64
66	14.93	67	9.12	67
69	15.27	67	9.73	68
71	16.66	71	12.18	74
71	16.13	70	10.67	70
72	17.48	73	11.79	73
75	17.10	72	11.19	71
79	19.27	77	13.56	77
85	22.78	86	18.60	88
89	24.25	90	18.49	88

2.2 重 回 帰 分 析

2.2.1 回帰直線の算出

単回帰分析が二つの変数からなるデータにおいて，一つの変数からもう一方の変数を予測するものであるのに対して，重回帰分析は，三つ以上の変数からなるデータにおいて，二つ以上の説明変数から残りの一つの目的変数の値を予測するものである。実在の問題は，多くの要因から影響を受けることが多いと思われる。例えば，住宅の家賃は，広さ，駅からの距離，築年数，周辺環境などによって決定されると思われるが，これらの条件から家賃を予測する場合などに有効な手法である。

目的変数 y を p 個の説明変数 x_1，$x_2, \cdots, x_p$ で表す回帰式は，次式で表される。

$$y=\beta_1 x_1+\beta_2 x_2+\beta_3 x_3+\cdots+\beta_p x_p+\beta_0 \tag{2.9}$$

なお，ここで，β_1，β_1，…，β_p は偏回帰係数（単回帰分析のときは単回帰係数），β_0 を切片あるいは定数項と呼ぶ。この偏回帰係数は，単回帰分析の場合と同様に，式 (2.9) の誤差を最小化することによって求める。また，単回帰分析と同様に決定係数が定義され，その値によって分析の精度の尺度が与えられる。

$$\varepsilon_i=y_i-\widehat{y}_i=y_i-(\beta_1 x_1+\beta_2 x_2+\beta_3 x_3+\cdots+\beta_p x_p+\beta_0) \tag{2.10}$$

重回帰分析も単回帰分析の場合と同様に，以下が可能である。

・説明変数のデータを入手／取得し，回帰分析の式に代入することで，目的変数の値を予測することができる。

・個々の説明変数の係数 β_i の符号を見れば，目的変数に対して正または負のどちらに作用しているかがわかる。

2.2.2 Excel を用いた重回帰分析

R 言語はオープンソースの統計解析向けのプログラミング言語およびその開発実行環境である。この R 言語に含まれているオゾン濃度と気象データ† (**図

2.17）を用いて重回帰分析の例を示す。ここでは，日照強度，風速と気温からオゾン濃度を予測することを試みる。重回帰分析も単回帰分析と同様に，LINEST 関数および分析ツールのどちらを使っても回帰直線を求めることができる。

	A	B	C	D
1	オゾン	日照強度	風速	気温
2	41	190	7.4	67
3	36	118	8.0	72
4	12	149	12.6	74
5	18	313	11.5	62
6	23	299	8.6	65
7	19	99	13.8	59
8	8	19	20.1	61

図 2.17　解析対象のデータ

	A	B	C	D
1	オゾン	日照強度	風速	気温
2	41	190	7.4	67
3	36	118	8.0	72
4	12	149	12.6	74
5	18	313	11.5	62
6	23	299	8.6	65
7	19	99	13.8	59
8	8	19	20.1	61
9				
10	-0.70874	-3.77235	-0.07042	125.1352

図 2.18　得られた回帰係数

LINEST 関数を使った重回帰分析は，引数の指定の仕方は単回帰分析と同じであるが，複数の説明変数を指定するため，2 引数目では複数列（本例では 3 列）を指定する。

1 引数：目的変数の列（既知の Y）　　A2:A8

2 引数：説明変数の列（既知の X）　　B2:D8

この場合の LINEST 関数の計算結果は，定数 β_0，および係数 β_1，β_2，β_3 の 4 個となるため，計算結果を表示するために 4 個のセルが必要になる。そこで，計算結果を格納する A10 から D10 の 4 個のセルを範囲指定してから，セル A10 に「＝LINEST(A2:A8, B2:D8,TRUE)」を入力し，Ctrl＋Shift＋Enter を押下する。実行結果として**図 2.18** のように，4 個の値が表示される。これは左から「気温，風速，日照強度の係数，y 切片」である。つまり「D 列の係数，C 列の係数，B 列の係数，y 切片」の順に定数が出力されることに注意する必要がある。

---

† （前ページの脚注）R の動作環境の中で data(airquality) と入力するとこの例題のデータの読み込みができる。同じく，airquality と入力すると，データの確認ができる。ここでは，無効データを含まない 1 行目から 7 行目までのデータを利用した。

結果として，オゾン濃度は次式で予測できる。

$$\text{オゾン濃度} = -0.070\,42 \times \text{日照強度} - 3.772 \times \text{風速} - 0.708\,7 \times \text{気温} + 125.1 \tag{2.11}$$

分析ツール（メニューの［データ］タブの［データ分析］をクリック）を用いても同様に重回帰分析できるが，詳細は付録 D に記載する。

決定係数である重決定係数 R^2 は 0.91（付図 D.2）であるので，本分析は信頼できるといえる。なお，各回帰係数に対しての有意確率を表す「p–値」がある（付図 D.2)。p–値は，より小さい値がより高い信頼度を示す。この場合は，オゾン濃度に影響に対する項目として，風速の信頼度が日照強度と気温の信頼度より高いことを示している。

ここで，目的変数に対する各説明変数はそれぞれ独立であると思われるべきものを選定する必要がある。別のいい方をすると，説明変数が相互に高い相関がある場合，どちらかの変数を落とす，ということを念頭に入れておく必要がある。例えば，体重を目的変数に，腹囲と胸囲を説明変数にとり，重回帰分析を行う場合を考える。腹囲が大きい人は体重も大きく，高い相関が予想される。同様に，胸囲と体重も高い相関が予想される。この場合，重回帰式では，腹囲と胸囲の係数として一方が正，他方が負となる場合がある。これは多重共線性（マルチコリニアリティ），または略してマルチコと呼ばれる現象である。このようなことを避ける意味でも，重回帰分析において，説明変数の選定が最も重要な項目の一つであることが理解できるであろう。

—— 事例：歩数と加速度の関係（2）——

先の事例では，1 分間歩行時の加速度として 3 軸の加速度成分を合成した値と歩数の関係を調べた。ここでは，合成せずに，x，y，z 軸まわりの加速度の平均値，標準偏差と歩数の関係を調べることにする。もとのデータは，前述のものと同じである。測定結果（歩数と各軸の加速度の平均値，標準偏差）を**表 2.3** に示す。

このデータに対して，重回帰分析を行った結果である決定係数と各係数を**表**

表 2.3 歩数と各軸の加速度データ（平均，標準偏差）

歩 数	A_x 平均	A_y 平均	A_z 平均	A_x 標準偏差	A_y 標準偏差	A_z 標準偏差
61	5.43	9.17	−1.95	7.75	6.47	3.49
62	4.95	9.31	−1.76	8.48	6.93	4.07
66	6.36	8.99	−2.60	9.93	7.90	4.13
69	3.53	10.85	−1.78	9.84	8.96	4.36
71	3.26	11.00	−2.30	11.54	11.32	5.25
71	3.99	10.57	−2.20	11.09	9.68	4.97
72	5.16	10.12	−2.92	13.06	10.33	5.45
75	5.52	10.15	−3.11	12.04	10.13	5.17
79	4.24	11.37	−2.66	14.31	12.39	6.54
85	4.55	10.86	−4.28	18.12	18.01	7.41
89	4.62	11.54	−4.06	19.31	18.16	7.71

表 2.4 重回帰分析による決定係数と回帰係数

	x_3	x_2	x_1	切 片	R^2
平均を用いた場合	−5.42	7.20	2.12	−26.42	0.99
標準偏差を用いた場合	2.62	0.11	1.26	42.06	0.97

2.4 に示す。平均を用いた場合は y 軸方向の加速度が，標準偏差を用いた場合は z 軸方向の加速度が最も影響度が高いことを示している。

表 2.5 に歩数の実測と回帰係数から求めた歩数の予測値を示す。両者の場合

表 2.5 歩数の実測値と予測値

歩 数	予測値（平均）	予測値（標準偏差）
61	62	62
62	61	64
66	66	66
69	69	67
71	72	72
71	70	70
72	73	74
75	75	72
79	79	79
85	85	86
89	89	89

ともに決定係数がきわめて高く，この係数を用いた予測値は，きわめてよく実測値と合致していることがわかる。

2.3　最小二乗法と最尤推定

尤（ゆう）度とは，ありそうな度合いという意味である。最尤推定とは最も尤度が高いものを推定する手法である。最小二乗法による係数の算出と最尤推定による係数の算出は，ある前提のもとで，等価であることをここに示す。

ある前提とは，最小二乗法によってデータから求めた回帰直線から得られる予測値の誤差が，正規分布（3.2節で詳述）に従って発生することである。この前提のもとで，回帰分析データにおけるi件目の予測誤差をe_iとする。例えば1～3件目の誤差e_1，e_2，e_3が発生する確率は**図2.19**の正規分布で表される曲線状のp_1，p_2，p_3となる。このとき，1～n件目の誤差が同時に観測される確率Lは，式(2.12)のようになる。

$$L = p_1 \times p_2 \times p_3 \times \cdots \times p_n \tag{2.12}$$

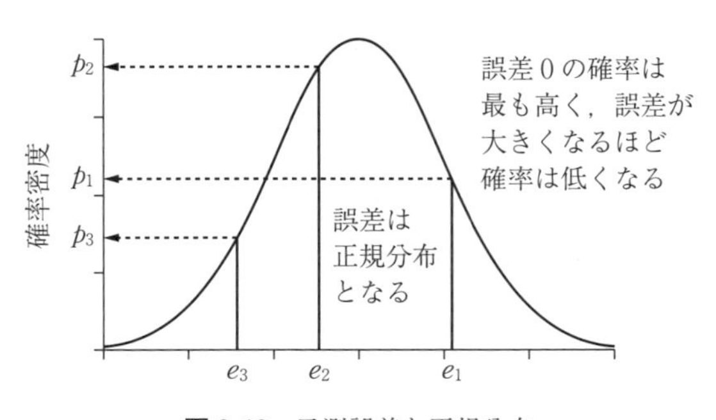

図2.19　予測誤差と正規分布

この確率Lは尤度，すなわちありうる値であり，このLが最大となるようなパラメータを求めるのが，最尤推定（要するに最もありうることを推定するという意味）である。

正規分布の曲線は，式 (2.13) †で表すことができる（ここで，Z と C は定数）。

$$P = Z\exp\left(-\frac{(\hat{y}-y)^2}{C}\right) \tag{2.13}$$

尤度 L は，それぞれの確率の積として式 (2.14) で与えられる。ここで，$\hat{y}$ と y の意味は式 (2.2) と同じである。

$$L = Z\exp\left(-\frac{(\hat{y}_1-y_1)^2}{C}\right)\times Z\exp\left(-\frac{(\hat{y}_2-y_2)^2}{C}\right) \times\cdots\times Z\exp\left(-\frac{(\hat{y}_n-y_n)^2}{C}\right) \tag{2.14}$$

これが，最大となるのは exp の中の引数，すなわち

$$K = (\hat{y}_1-y_1)^2+(\hat{y}_2-y_2)^2+\cdots+(\hat{y}_n-y_n)^2 \tag{2.15}$$

の値が最小になる場合である。これは，最小二乗法で解くべき式 (2.3) と一致している。最尤推定は，誤差分布が正規分布であることを前提としている手法であるが，実際にこの仮定は自然界の多くの現象と整合しており，多くの認識処理などで用いられる手法の基礎となっている。

2章の振り返り

（1）　単回帰分析で求められる（であろう）具体的事例を述べよ。

（2）　重回帰分析で求められる（であろう）具体的事例を述べよ。

（3）　相関係数，決定係数の意味を説明せよ。

（4）　相関があるとはどのような状態か述べよ。

（5）　正の相関がある例，負の相関がある例を，それぞれ示せ。

（6）　何らかのデータを用いて，実際に回帰分析を行い，相関係数，回帰式を求めよ。

† e のべき乗を記述するとき，exp を使った関数形式で書かれる場合も多い。式 (2.13) ではその表現を用いている。

3

推 定 と 検 定

ある集団を調べるとき，集団の全体（母集団）を対象とする調査が望ましい。国勢調査は，全数調査の代表例である。しかし，実際に，国民 30 歳代の男女の平均身長を調べる，という場合などを想定すると多くのコストと時間がかかることは容易に理解できる。つまり，全数調査はコストや実施期間の制約から困難な場合や，商品検査によるダメージなどで商品価値をなくしてしまう恐れのある場合もある。そのため，全数調査なしに集団全体を予想する方法が求められている。また，「塾へ通っている/通っていないという条件の相違による学力差はある」という推定は正しいのかという種類の問題も多い。これらの問題に対して，論理的に回答を与えるのが，推定と検定と呼ばれる手法である。集団全体を対象とする全数調査に対して，集団ではなく一部分を調査し，その結果から全体を推測する。

3.1 母集団と標本

調べる対象となる集団を母集団（**図 3.1** 左）といい，母集団を扱う統計学を記述統計学と呼び，本書では 1 章が該当する。平均は母平均 μ，分散は母分散 V という。分散は偏差平方和をデータの個数で除算して求める。一方，母集団の一部分を標本またはサンプル（図 3.1 右）といい，標本を扱う統計学を推測統計学（統計的推定）と呼ぶ。平均は標本平均 $\overline{x}$，分散は不偏分散 U である。不偏分散は，偏差平方和を「データの個数 -1」で除算して求める。理由は，1.1.5 項で述べたとおりである。

この「標本から得られる基本統計量を用いて，母集団の平均値や比率（割合）などを推定する」ことを統計的推定という。

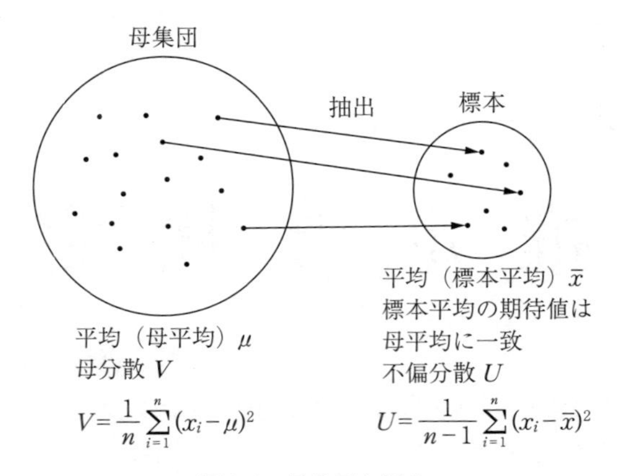

図 3.1　母集団と標本

一方，同じく「標本調査から得られた基本統計量から統計学に基づいて母集団の比率や平均値が比較値と異なる」ことなどを調べることを統計的検定，あるいは問題設定によって仮説検定という。本章では，推定と検定の前提となる正規分布の説明を行ってから，例題を用いて，推定と検定の手法を述べる。

3.2　正　規　分　布

統計的推定と統計的検定のどちらも，適用の前提として，事象の発生確率を正規分布としている。正規分布はガウス分布とも呼ばれ，多くの自然現象や社会現象の発生頻度は，この正規分布で表されるものが多い。推定および検定は，この確率分布を前提として，信頼性や有意水準を求めて判定する。確率変数とは，試行の結果に対応して，ある確率をもって定まる値であり，例えば一つのさいころを振る試行で出る目はその例である。確率分布（確率密度）とは，確率変数のそれぞれの値に対し，その起こりやすさを記述するものである。

正規分布は，式 (3.1) で表される。ここで，$f(x)$ は確率密度関数であり，μ は平均値，σ は標準偏差である。また，π は円周率（$=3.141\,59\cdots$），e はネイピア数（自然対数の底$=2.718\,28\cdots$）である。正規分布のグラフは**図 3.2** のような形であり，平均値 μ で最大値を持ち，平均値から外れるほど出現確率が小さくなる。

$$f(x)=\frac{1}{\sqrt{2\pi}\,\sigma}e^{-\frac{(x-\mu)^2}{2\sigma^2}} \quad (3.1)$$

このグラフは，$\mu=50$，$\sigma=20$ の例である。全体の面積を 1 としているが，これは確率の最大値が 1 であることに対応している。

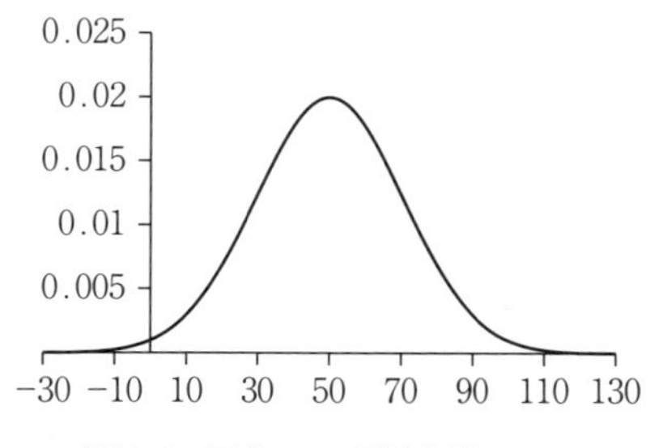

図 3.2 平均 50，標準偏差 20 の正規分布のグラフ

ここで，重要な性質として，μ と σ で示される区間内の生起確率がある。

区間 $[\mu-\sigma,\ \mu+\sigma]$：面積（確率）は約 0.683

区間 $[\mu-2\sigma,\ \mu+2\sigma]$：面積（確率）は約 0.955

区間 $[\mu-3\sigma,\ \mu+3\sigma]$：面積（確率）は約 0.997

それぞれの区間（順に $\mu\pm\sigma$，$\mu\pm2\sigma$，$\mu\pm3\sigma$ の範囲内）に，それぞれ全体の 68.3%，95.5%，99.7%が入っている。そして σ が大きいほど正規分布の曲線は扁平になり，小さいほど狭く高くなる。これは，標準偏差は分散の平方根であり，分散はデータのばらつきを示す尺度であることから理解できる。また，3σ から外れる，ということはきわめてまれな場合であることが，図からも明らかである。

3.3 標準正規分布

確率変数 x の平均値が μ，標準偏差が σ であるとする。式 (3.2) のように，個々のデータから平均値を引き，標準偏差で除算し，変数 x を変数 z の式に変換する。

$$z=\frac{x-\mu}{\sigma} \quad (3.2)$$

これにより平均値は 0，標準偏差は 1 の正規分布となる。これは，1.3 節で述べた正規化である。したがって，この変数変換（正規化）を行うと，$\mu=0$, $\sigma=1$ となるので式 (3.1) は，式 (3.3) となる。この関数で与えられる分布を標準正規分布という。1.3 節で述べたとおり，この正規化によって，単位，大きさやばらつきの異なる複数のデータ間の比較を同一基準で行うことができる。この標準正規分布の確率密度関数のグラフは**図 3.3** である。

$$g(z)=\frac{1}{\sqrt{2\pi}}e^{-\frac{z^2}{2}} \tag{3.3}$$

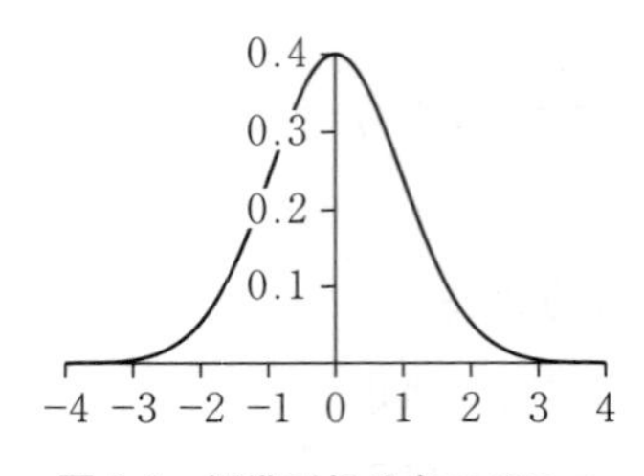

図 3.3　標準正規分布のグラフ

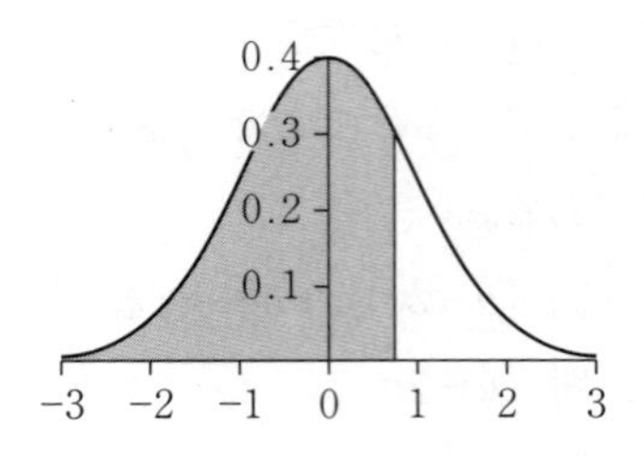

図 3.4　確率密度関数による累積確率の考え方

平均値を中間値として標準偏差の値分だけ離れた区間で囲まれる面積は，以下のとおりである。

区間［$-\sigma$, σ］：面積（確率）は約 0.683

区間［-2σ, 2σ］：面積（確率）は約 0.955

区間［-3σ, 3σ］：面積（確率）は約 0.997

標準偏差 σ が 1 の場合は，それぞれ，±1, ±2, ±3 に変わるが，面積は同じである。

グラフの横軸方向にある特定の値まで積分（累積）することによって（**図 3.4**），その値以下の値が出現する累積確率として求めることができる。

そして累積分布関数とは「確率変数 X がある値 x 以下（$X\leqq x$）の値となる確率」を表す関数であり，確率密度関数を P とすると，式 (3.4) のように記述する。

$$F(x)=P(X\leqq x)\quad\left(=\int_{-\infty}^{x}P(t)dt\right) \tag{3.4}$$

累積分布関数の例を**図 3.5** に示す。最終的には，確率の最大値 1 になっていることが確認できる。例えば，標準正規分布において区間［−1, 1］の中に入っている確率は $F(1)-F(-1)=P(X\leqq 1)-P(X\leqq -1)$ で求められる。これらの値は単純な手計算で求められないため，

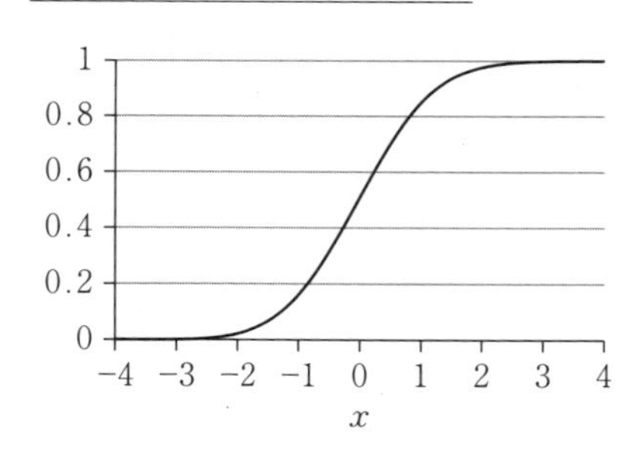

図 3.5　累積分布関数

表 3.1　累積確率の算出に関する関数とその機能

関　数	機能と書式
NORM.DIST p, y, $x \to p$, $x \to y$, $x=1.96$ $x \to p$（TRUE のとき） $y \to y$（FALSE のとき）	指定した平均と標準偏差に対する正規分布において，x 座標の値に対する累積確率 p，あるいは確率密度関数の値（確率）y を求める。 ＝NORM.DIST(x, 平均, 標準偏差, TRUE もしくは FALSE) TRUE：累積確率 FALSE：確率 NORM.DIST(1.96, 0, 1, TRUE)＝0.975 NORM.DIST(1.96, 0, 1, FALSE)＝0.058
NORM.S.DIST p, y, $x \to p$, $x \to y$, $x=1.96$	標準正規分布において，x 座標の値に対する累積確率 p，あるいは確率密度関数の値 y を求める。 ＝NORM.S.DIST(x, TRUE もしくは FALSE) NORM.S.DIST(1.96, TRUE)＝0.975 NORM.S.DIST(1.96, FALSE)＝0.058
NORM.INV $p=0.975$, $p \to x$, 0, x	指定した平均と標準偏差に対する正規分布関数において，累積確率 p に対する x 座標の値を求める。 ＝NORM.INV(累積確率, 平均, 標準偏差) NORM.INV(0.975, 0, 1)＝1.96 NORM.INV(0.005, 0, 1)＝−2.58
NORM.S.INV $p=0.975$, $p \to x$, x	標準正規分布関数において，累積確率 p に対する x 座標の値を求める。 ＝NORM.S.INV(累積確率) NORM.S.INV(0.975)＝1.96 NORM.S.INV(0.005)＝−2.58

Excel の関数などを用いるのが通常である。

後述する推定と検定においては，区間［−1.96，1.96］が 95%区間として，区間［−2.58，2.58］が 99%区間として使われることが多い。区間の範囲は，累積分布関数から求められ，Excel が提供している関数でも確認できる。**表 3.1** にこれらの関数とその機能，利用例を示す。

なお，表 3.1 の中に現れる 0.975 は上限からの 2.5%の範囲を表しており，中央部分で 95%の範囲を示すのによく使われる値である。

先に示した，平均値 50，標準偏差 20 の正規分布の区間 $[\mu-\sigma,\ \mu+\sigma]$ の面積（確率）が約 0.683 であることは「=NORM.DIST(70, 50, 20, TRUE)-NORM.DIST(30, 50, 20, TRUE)」で確認できる。同様に，平均値 0，標準偏差 1 の標準正規分布の区間 $[\mu-\sigma,\ \mu+\sigma]$ の面積（確率）が約 0.683 であることは，「=NORM.S.DIST(1, TRUE)-NORM.S.DIST(-1, TRUE)」で確認できる。

3.4　大数の法則と中心極限定理

次節から述べる推定および検定の前提となっている統計学の基本定理である大数の法則と中心極限定理について述べる。両者とも確率変数の統計的性質に関する定理であるが，前者は確率変数そのものを扱っているのに対して，後者は確率変数の分布を扱っている。

大数の法則とは，「一つの母集団から，n 個のデータを観測しその標本平均 $\overline{x}$ を作る。このとき，n が大きければ大きいほど，標本平均は母平均 μ に近い数値をとる可能性が高くなる，すなわち，標本平均の期待値は母平均に近づく」というものである。これは，母平均を正確に推定するためには，より多くの標本のデータを取得する必要があることが数学的に裏付けられていることを示している。

一方，中心極限定理は，母集団が正規分布に従うとき，また従わない場合はサンプルサイズ n が十分に大きい値のときに，「平均値が μ，標準偏差が σ の母集団から，n 個の標本を取り出し，その標本平均 $\overline{x}$ を調べると，その分布

は平均値 μ，分散 σ^2/n（標準偏差 $\sigma/\sqrt{n}$）の正規分布に従う」というものである。

中心極限定理は母集団の分布には関係せず，n が大きければ母集団がどのような分布でも成立する。また，母集団が正規分布に従っているときは，標本の大きさ n の大小に関係なく，中心極限定理は成立する。

母集団の分布と標本平均の分布を**図 3.6** に示す。なお，標本平均の分布とは，標本平均を集めてそれを母集団とみなしたものの分布である。この図は，標本平均の分布も正規分布であることは変わらず，平均も母平均に一致したまま，広がり具合だけが $1/\sqrt{n}$ として縮むことを示している。標本数 n を増やすほど，平均値のばらつきが小さくなることは直感的にも理解できるであろう。

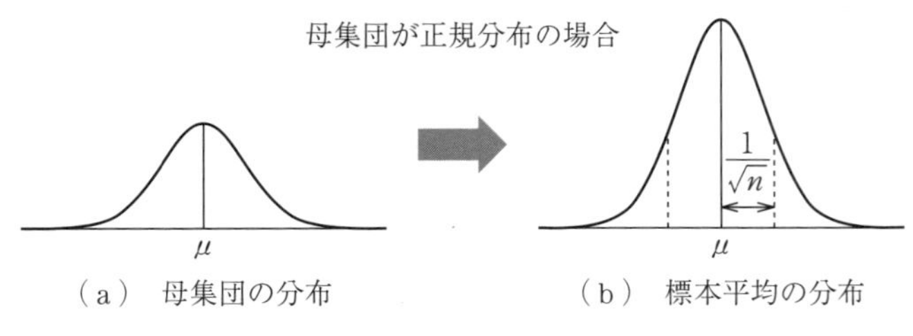

図 3.6　母集団の分布と標本平均の分布

3.5　t　分　布

標本数が少なく，正規分布に従う母集団の平均値を推定・検定する場合に，t 分布と呼ばれる確率分布が使われる。一つの基準としてサンプル数が 100 以上であれば正規分布，100 未満であれば t 分布が使用される例が多い。t 分布の形は，標本数によって異なり，標本数が多いほど標準正規分布に近づくが，標本数が小さくなるにつれて，扁平になっていく。これは，中心極限定理における除算の $\sqrt{n}$ の値が小さくなると，分散が大きくなることにも合致している。ここで，$f=n-1$ を自由度という。標本数による t 分布の形の相違を**図 3.7** に示す。

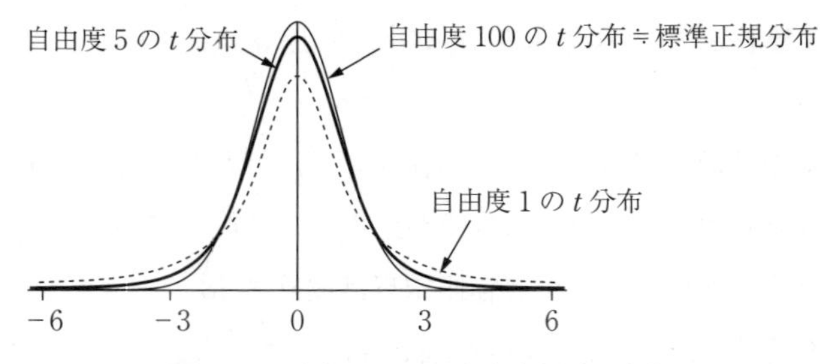

図 3.7　t 分布における自由度と形の変化

3.6 統 計 的 推 定

標本の基本統計量から母集団の平均値などを推定することを，統計的推定といい，下記に述べる推定の範囲を設定する区間推定がよく使われる。ここで，本推定手法の利用の準備として，以下の項目を理解しておく必要がある。

〔1〕 区間推定法

得られた標本統計量の値に幅を持たせ，母集団の統計量を推定する方法を区間推定法という。例えば，住民10 000人の自治体において，標本数（サンプルサイズ）$n=100$ 人の血圧値の平均値 $\overline{x}$ が120，標準偏差 σ が10だったとするとき，住民全体の平均血圧値はどの範囲と考えられるだろうか，という問題である。

ここで，例えば「m_1〔mmHg〕～ m_2〔mmHg〕の間にある」というとき，m_1 を下限値，m_2 を上限値，この二つの数字で挟まれた区間を信頼区間という。また，信頼区間を2で割った値を標本誤差といい，これは推定の幅を表す値であり，標本誤差の小さいほうが精度がよい，といえる。

〔2〕 有意水準と信頼度

推定は母集団の一部の情報をもとに結論を出すことになるので，当然，そこには誤りの可能性が残る。つまり，統計的推定によってある区間の推定値を得ても母集団の統計量がそこから外れている可能性がある。この点を踏まえ，区間推定を行う場合は，推定の結果の信頼度を示す尺度として，信頼度あるいは有意水準が示されるのが一般的である。

・信頼度：母集団の統計量が信頼区間に含まれる確率を意味する。信頼度95%とは，同じ推定を100回行った場合に5回間違う可能性がある，という意味である。逆に，95回は正しく推定できる，という意味である。

・有意水準：推定が間違う確率である。信頼度95%のときは有意水準が5%，信頼度99%のときは有意水準が1%である。つまり，有意水準5%ということは5%の確率で間違える，ということである。

上記をまとめると，信頼度と有意水準は以下の関係にある。

信頼度　　　　　　　　　有意水準

95%結論が当たる確率＝5%結論が間違う確率

99%結論が当たる確率＝1%結論が間違う確率

3.7 統 計 的 検 定

以下は，検定の例である。

・N回のコインを投げる実験を行い，表が10回出た，という結果のみ知っていたとする。つぎのように投げた回数に対して立てた仮説は妥当かどうかを判定する。

A)　投げた回数は16回

B)　投げた回数は36回

・新築物件住宅の販売情報の新聞折り込み広告を行った。10人の見学希望者から電話での問合せがあった。今までの実務経験から，実際に住宅見学する人は，1/2の確率で事前に電話で問合せをしてくる。つぎのように今回の住宅見学者数に対して立てた仮説は妥当かどうかを判定する。

A)　見学者数は16人

B)　見学者数は36人

検定を行うためには，以下の考え方，用語を理解しておく必要がある。

〔1〕 帰無仮説と対立仮説

検定では，立てた仮説を否定することで，結論を得る手法をとる。この否定される仮説を帰無仮説といい，帰無仮説の反対で「有意な差がある」とする仮説を対立仮説という。例として，1 000 円を比較値とすると，帰無仮説，対立仮説は以下のとおりとなる。

・帰無仮説：「平均価格は 1 000 円である」という仮説，すなわち，母平均と比較値に差がないとする仮説である。

・対立仮説：差があるという仮説で，以下の三つが存在する。

対立仮説 ①：平均価格は，比較値 1 000 円に等しくない（差がある）。

対立仮説 ②：平均価格は，比較値 1 000 円よりも高い。

対立仮説 ③：平均価格は，比較値 1 000 円よりも安い。

対立仮説 ① で行う検定は，1 000 円より高いか低いかは不明であるが，いずれにしても差があるという意味で，対立仮説 ① のもとでの検定を両側検定という。対立仮説 ②，③ で行う検定を片側検定という。特に対立仮説 ② を用いる検定を右側検定（上側検定），対立仮説 ③ を用いる検定を左側検定（下側検定）という。**図 3.8** に，片側検定，両側検定を示した図を示す。

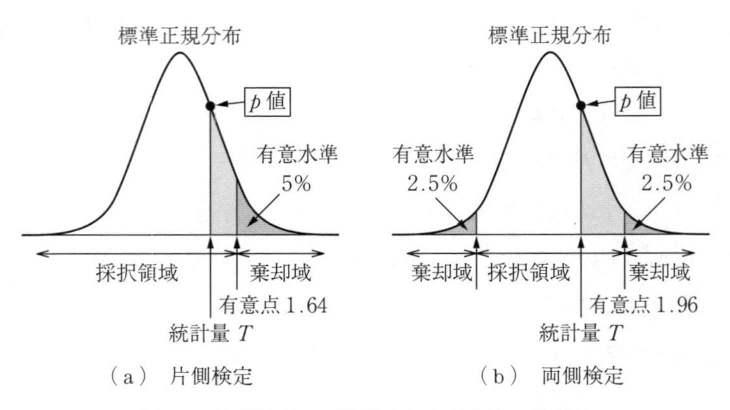

（a） 片側検定　（b） 両側検定

図 3.8 片側検定，両側検定と有意水準・有意点

〔2〕 棄却と採択

先に述べたように，統計的検定では帰無仮説と対立仮説を設定し，帰無仮説

が“間違いである”として棄却されたとき，対立仮説を“正しい”ものとして採択するという手法をとる。後述する「統計量 T と棄却域の有意点を比較する」あるいは「p 値と有意水準を比較する」ことが，対立仮説の棄却および採択の基準となる。この方法で，対立仮説を採択した場合「有意差がある」という。ここで，統計量 T は，検定の問題設定ごとに異なるが，基本的に平均値などの集団の特徴を表現する値である。

〔3〕 *p*　値

標準正規分布における統計量 T に対する確率を p 値という。p は確率，probability に由来している。

〔4〕 有意水準と有意点

これらの値は，標準正規分布から一意に決められるものである。図 3.8 に示すように，標準正規分布における累積分布確率から以下のとおりである。

・有意水準 5%，両側検定の場合の有意点は 1.96

・有意水準 5%，片側検定の場合の有意点は 1.64

有意点 1.96，1.64 はそれぞれ，NORM.S.INV(0.975)，NORM.S.INV(0.95) で得られる。

推定および検定の対象ごとに，公式を含めて既定の手順どおりに行うことによって，客観的なデータ処理と解析が行える。本章では，母平均と母比率に関する区間推定と検定に絞ってその手法と具体例を示す。他にも母分散の推定や検定の問題，二つあるいは三つ以上の母集団の比率や平均値の相違（差）に対する検定など多くの実問題があるが，それらについては本書の範囲外として他書に委ねる。

3.8 推　定　手　法

3.8.1 母平均の区間推定

母平均の区間推定は，標本調査における平均値と標準偏差から，母集団の平均値に幅を持たせて推定する方法である。「正規母集団の平均値を μ，母標準偏差をσとするとき，母集団から取り出したデータxのn個に対する標本平均$\overline{x}$の分布は，正規分布である。そして，$\overline{x}$の分布の平均値はμで変わらないが，標準偏差は$\sigma/\sqrt{n}$となって，母集団に比べて$\sqrt{n}$分の1に小さくなる」という考え方に基づくものである。

標本平均が$\overline{x}$で，標本標準偏差（分母は$n-1$）がuのデータn個の場合の母平均の推定の信頼区間は，式(3.5)で与えられる。ただし，kは，対象となる分布（正規分布またはt分布）で，求める信頼度となる有意点とする。なお，母標準偏差σが既知であれば，uの代わりにσを代入する。

$$\overline{x} \pm k\frac{u}{\sqrt{n}} \tag{3.5}$$

式からも明らかなように，標本平均をつくるデータ数が多いほど，信頼区間を狭くすることができる。これは，確かに我々の直感とも一致する。

nがおおむね100以上の標本数である場合には，正規分布をもとに区間推定を行う。標本平均が$\overline{x}$で，標本標準偏差（分母は$n-1$）がuの正規母集団からの，データn個の場合の母平均の推定の95%，99%信頼区間は，それぞれ，$\overline{x} \pm 1.96\left(u/\sqrt{n}\right)$，$\overline{x} \pm 2.58\left(u/\sqrt{n}\right)$であり，標本数が少ない場合は，正規分布ではなく，前述のt分布から得られる値を用いて推定を行う。t分布での1.96（95%信頼区間）に対応する定数は，Excelの関数を用いて求めることができる。具体的には，T.INV.2T(確率，自由度)で両側逆関数の値を求められる。引数の「確率」は「有意水準」を設定し，「自由度」は「標本数−1」を設定する。例えば，有意水準5%で，標本数が50の場合は，T.INV.2T(0.05, 50-1)＝

表3.2　正規分布とt分布における有意点の相違

		信頼度95%	信頼度99%
正規分布		1.96	2.58
t分布の自由度	100	1.98	2.63
	80	1.99	2.64
	60	2.00	2.66
	40	2.02	2.71
	20	2.09	2.86

2.01と求められる。なお，左側逆関数はT.INV(確率，自由度)である。信頼度95%，99%（有意水準5%，1%）での標準正規分布での有意点1.96，2.58と，標本数nに応じたt分布での有意点の比較を**表3.2**に示す。t分布の自由度が低くなるほど高さが低く，横に広がる。

【例題1】

ある水田の稲穂100本の粒数を調査したところ，1本の穂の平均粒数は68.3粒，標本標準偏差は18.7粒であった。この水田の稲穂1本当りの平均粒数を信頼度95%で推定する。

【解答】

$n=100$，$\overline{x}=68.3$，$u=18.7$であり，式(3.5)から95%の信頼区間は以下のとおりである。

$$\overline{x}+1.96\frac{u}{\sqrt{n}}=68.3+1.96\times\frac{18.7}{\sqrt{100}}=68.3+3.7=72.0$$

$$\overline{x}-1.96\frac{u}{\sqrt{n}}=68.3-1.96\times\frac{18.7}{\sqrt{100}}=68.3-3.7=64.6$$

したがって，信頼度95%で64.6粒から72.0粒の間にある。同様に，信頼度99%で区間推定する場合は，1.96を2.58に変えることで，信頼度99%で63.5粒から73.1粒であるといえる。　◆

【例題2】

1学年500人の学校で，100点満点の共通試験を行い，この学年より無作為に選ばれた10人の点数は80，60，40，85，50，70，100，45，50，90点であった。このとき，学校全体の平均点を信頼度95%で推定する。

【解答】

$n=10$，$\overline{x}=67.0$，$u=20.98$である。サンプル数が10であることから，自由度9のt分布の両側95%区間を調べる。T.INV.2T(0.05, 9)=2.26である。この2.26を用いて，式(3.5)から95%の信頼区間は以下のとおりである。

$$\overline{x}+2.26\frac{u}{\sqrt{n}}=67.0+2.26\times\frac{20.98}{\sqrt{10}}=82.0$$

$$\overline{x}-2.26\frac{u}{\sqrt{n}}=67.0-2.26\times\frac{20.98}{\sqrt{10}}=52.0$$

したがって，信頼度95%で52.0点から82.0点の間にある。同様に，信頼度99%で区間推定する場合は，2.26に変えてT.INV.2T(0.01, 9)を用いることにより，45.4点から88.6点の間にあるといえる。◆

3.8.2　母比率の区間推定

母比率の区間推定とは，例えば，選挙における出口調査の結果から選挙の結果を予想するような場合のように，母集団から抽出した標本比率から母集団の比率（母比率）を区間推定する方法である。

対象となるデータが，保有と非保有や，支持と不支持のように二つの場合，保有を1，非保有を0として，平均値や標準偏差を求めることができる。「1」の割合（比率）を $\overline{p}$ とすると $\overline{p}$ は「1，0」からなるデータの平均値である。「1，0」データの標準偏差は $\sqrt{\overline{p}(1-\overline{p})}$ で与えられる。

母比率の推定は，標本調査における「1，0」データの「1」の割合（比率）$\overline{p}$ から母集団の比率を推定する方法であり，信頼度95%の区間として，その範囲式である式(3.6)で記述される公式で与えられる。このとき，サンプルサイズがおおむね30以上は必要といわれている。k の値は，信頼度95%のときは1.96を用いて，信頼度99%のときは2.58を用いる。

$$\overline{p}\pm k\frac{\sqrt{\overline{p}(1-\overline{p})}}{\sqrt{n}} \tag{3.6}$$

この公式は大きさ n の標本において，対象としている特性をもっているものの値を x とするとき，標本比率 x/n が正規分布をなす，ということから導かれた定理である。前項と同様，式(3.6)からも明らかなように，標本数が増えるほど信頼区間も狭められることがわかる。

【例題 3】

ある地域の有権者 160 人を調査したところ，40 人が「政党 A を支持する」という結果が得られた。この地域における政党 A の支持率を，信頼度 95%で推定する。

【解答】

サンプルサイズ $n=160$，標本比率 $\overline{p}=40/160=0.25$ である。標本標準偏差は，$u=\sqrt{\overline{p}(1-\overline{p})}=0.433$ である。信頼度 95%とすると，信頼区間は以下のとおりとなる。

$$\overline{p}+1.96\frac{\sqrt{\overline{p}(1-\overline{p})}}{\sqrt{n}}=0.25+1.96\times\frac{0.433}{\sqrt{160}}=0.25+0.067=0.317$$

$$\overline{p}-1.96\frac{\sqrt{\overline{p}(1-\overline{p})}}{\sqrt{n}}=0.25-1.96\times\frac{0.433}{\sqrt{160}}=0.25-0.067=0.183$$

したがって，95%信頼区間での支持率は，18.3%から 31.7%と推定される。なお，1 600 人の調査で 400 人が支持した場合は，$\sqrt{160}=12.6$ が $\sqrt{1\,600}=40$ と変わることから，22.9%から 27.1%となり，より高い予測精度が得られる。◆

【例題 4】

ビール A とビール B について，どちらが好まれているかを知るためにアンケート調査を行いたい。信頼度を 95%として，区間推定の幅を 3%以下にしたい場合，最低何人のアンケートをとる必要があるか。

【解答】

推定区間の上限は，$\overline{p}+1.96\sqrt{\overline{p}(1-\overline{p})}/\sqrt{n}$ であり，推定区間の下限は，$\overline{p}-1.96\sqrt{\overline{p}(1-\overline{p})}/\sqrt{n}$ であるので，上限と下限の差は「$3.92\sqrt{\overline{p}(1-\overline{p})}/\sqrt{n}$」で与えられる。

最悪の場合，すなわち，$\sqrt{\overline{p}(1-\overline{p})}$ が最大となるのは，ビール A とビール B を好む人の比率が半々の場合である。したがって「$3.92\times\sqrt{0.5\times0.5}/\sqrt{n}<0.03$」を満たす n を求めることで，95%の信頼度を確保することができる。この不等式を解くと「$n>4\,268.4$」となる。したがって，4 269 人以上の人からアンケートをとると，信頼度 95%を確保できる。ちなみに，幅 2%，1%とする場合は，それぞれ 9 604 人，38 416 人となり，推定の幅を狭めることは調査の負荷がきわめて大きくなることが

確認できる。 ◆

ある特定の集団の身長，体重のデータから日本人全体の身長，体重の分散を推定するなどの，母集団の分散を推定する問題がある。母分散の推定は，カイ二乗分布を用いた推定を行うことになるが，本書の範囲を超えるので興味のある読者は他書を参照されたい。

3.9 検 定 手 法

3.9.1 基本的考え方と手順

統計的検定は，標本調査から得られた基本統計量から「母集団の比率や平均値が比較値と異なる」ことを調べる方法（1標本1集団に関する統計的検定）である。本書では，この手法を述べる†。なお，検定の基本的な手順は以下の2通りある。

〔1〕 方 法 1

統計量 T と有意点（通常1.96）を比較し，T が有意点より大きければ，母集団の平均値（もしくは比率）は比較より大きい（あるいは小さい）と判断する。要するに，統計量 T が有意点を上回れば，有意差があると判断する。

〔2〕 方 法 2

求めた統計量 T から p 値（3.7節〔3〕参照）を算出する。p 値は T が求められれば自動的に決まる値で，Excelの関数を用いて容易に算出できる。仮説検定は以下のように行う。

p 値＜有意水準のとき：帰無仮説は棄却されて対立仮説が採択され，「有意差がある」と結論づける。

p 値＞有意水準のとき：帰無仮説が採択され，「有意差があるとはいえない」と結論づける。

なお，有意水準は，両側検定と片側検定の場合でそれぞれの値は異なる。こ

† 他にも「二つの母集団の平均値や比率に違いがある」ことを調べる方法（2標本2集団に関する統計的検定）もあるが，これは他書に説明を譲る。

れは，図3.8からも明らかである。

最近は方法2を用いる場合が多いようなので，以降の説明は方法2で述べる。具体的な手順は以下である。

STEP1：仮説（対立仮説もしくは帰無仮説の）設定

STEP2：統計量 T の算出

STEP3：統計量 T に対応する p 値の算出（p 値は T から自動的に決まる）

STEP4：p 値と有意水準との比較

ここで，有意水準は0.05または0.01であり，通常は0.05がとられる。

STEP5：仮説の判定（棄却もしくは，採択）

ここで，1標本1集団の母平均の検定用の統計量 T は，式 (3.7) で与えられる。

$$T = \frac{\overline{x} - m_0}{\dfrac{u}{\sqrt{n}}} \tag{3.7}$$

ここで，$\overline{x}$ は標本平均，m_0 は比較値，u は標本標準偏差，n は標本数である。

3.9.2　p 値の算出方法

p 値は正規分布と t 分布（前述したが，標本数が少ない場合に，正規分布に従う母集団の平均値を推定するときに使用される）によって異なる値となる（表3.2)。標本数 n が100以上の場合は標準正規分布を利用する Z 検定を用い，標本数 n が100未満の場合は t 分布を利用する t 検定を用いる。p 値は，表3.1で示したExcelの関数を用いて，両側検定，片側検定それぞれにおいて**表3.3**で求められる。

ここで，NORM.S.DIST関数は，標準正規分布の値を，T.DIST.2T，T.DIST.RT関数はそれぞれ，両側 t 分布，右側 t 分布の値を返す関数である。なお，後者二つの関数はExcelの旧バージョンでは，それぞれT.DIST(T, n−1, 2)，T.DIST(T, n−1, 1)として提供されていたものである（最新版のExcel 2016でも使

表 3.3　p 値の算出方法

種　別	T の分布	両側検定	片側検定
Z 検定 $n \geqq 100$	標準正規分布	=2*(1−NORM.S.DIST(T, TRUE))	=1−NORM.S.DIST(T, TRUE)
t 検定 $n < 100$	t 分布	=T.DIST.2T(T, n-1) n：標本数	=T.DIST.RT(T, n-1) n：標本数

用可能である)。

3.9.3 母平均の検定

母平均の検定は，母平均と比較値の違いを調べる方法である。手法の説明で用いるパラメータを**表 3.4** に示す。

表 3.4　母平均の検定のパラメータ

	サイズ	平　均	標準偏差
母集団	N	μ	σ
標　本	n	$\overline{x}$	u

比較値を m_0 としたとき，検定は以下の手順で行う。なお，σ の分母は N, u の分母は $n-1$ である。

帰無仮説：$m = m_0$

対立仮説：$m \neq m_0$ の場合は，両側検定

$m > m_0$ または，$m < m_0$ の場合は，片側検定

このとき，本検定における統計量 T を式 (3.7) で求める。これらを求めたのち，**表 3.5** に示すように p 値と α（有意水準）との比較によって，仮説の検定を行う。

表 3.5　母平均の検定の判断基準

統計量	検定種別	方　法
T	Z 検定 $n \geqq 100$	両側検定：$2p$ 値$\leqq \alpha$ 片側検定：p 値$\leqq \alpha$
	t 検定 $n < 100$	両側検定：$2p$ 値$\leqq \alpha$ 片側検定：p 値$\leqq \alpha$

ここで，Z 検定と t 検定では，表 3.3 に示したように p 値が異なることに注意する。α は有意水準に応じて，0.05，0.01 であるが，通常 0.05 がとられる。表 3.5 の公式の不等式が成立するとき，帰無仮説は棄却され，対立仮説が採択されることになる。そして，母平均と比較値は「有意差がある」という結論を出す，というのが手法である。

【例題 5】

シャープペンシルの芯の製造工場では，芯の太さの平均値を 0.50 mm にするという条件を課している。このため，母平均が 0.50 mm でなくなった場合は，機械の調整を行うことになっている。母平均が 0.50 mm かどうかのチェックは，できあがった芯から無作為に 100 本（または 50 本）取り出して，その太さの平均 $\overline{x}$ と標本標準偏差 u を算出して調べている。ある日の平均値 $\overline{x}$ = 0.52 mm，標本標準偏差 u = 0.07 mm であった。調整が必要か否か，有意水準 0.05 で判断するとどうなるか。

【解答】

帰無仮説：$m = m_0$　芯の太さの平均値は 0.50 mm に等しい。

対立仮説：$m \neq m_0$　芯の太さの平均値は 0.50 mm ではない。

母平均の検定であるから，100 本の場合は統計量 $T = (0.52 - 0.50) / (0.07/\sqrt{100}) = 2.86$，50 本の場合は 2.02 となる。対立仮説より両側検定である。統計量 T に対する p 値を求めると，100 本の場合，50 本の場合で，以下のとおりとなる。

・100 本の場合

p 値 = 2*(1-NORM.S.DIST(2.86, TRUE)) = 0.004 23

p 値＜有意水準 0.05 より帰無仮説を棄却する。

・50 本の場合

p 値 = T.DIST.2T(2.02, 49) = 0.048 9

p 値＜有意水準 0.05 より帰無仮説を棄却する。

100 本，50 本の調査本数の場合においても，有意水準 0.05 で，芯の直径は 0.50 mm と異なる。よって，機械の調整が必要である。◆

【例題 6】

ある全国共通の試験で，全国平均は 60 点であった。生徒数 10 人の特別クラスの点数は以下に示すとおりであった。このクラスの学力は，全国平均と比較して優れているといえるか。有意水準 0.05 で判断する。なお，10 人の点数は 85，70，75，65，60，70，50，60，65，90 点であり，その平均は 69 点である。

【解答】

帰無仮説：$m=m_0$　全国平均と同じ（優れているとはいえない）。

対立仮説：$m<m_0$　全国平均より優れている。

統計量 $T=\dfrac{69-60}{11.972/\sqrt{10}}=2.377$

ここで，11.972 は STDEV.S で求めた，点数の標本標準偏差である。対立仮説より右側検定となる。標本数より t 検定となるので，統計量 T から，t 検定用の p 値を求める。

p 値＝T.DIST.RT(2.377, 9)＝0.02

p 値＜有意水準 0.05 より帰無仮説を棄却する。

有意水準 0.05 で，全国平均と異なっている。よって，全国平均と比較して優れているといえる。◆

3.9.4 母比率の検定

母比率の検定は，母比率と比較値の違いを調べる方法である。ここで，母比率とは，母集団におけるある事象の比率のことである。例えば，母集団における比率の仮説を標本調査によって検定するのが一例である（**表 3.6**）。アンケート調査の分析などは，その最たる例であろう。

比較値を p_0 としたとき，以下の手順で行う。

帰無仮説：$p=p_0$

表 3.6　母比率の検定のパラメータ

	サイズ	比　率
母集団	N	p
標　本	n	$\hat{p}$

表 3.7　母比率の検定の判断基準

統計量	検定種別	方　法
T	Z 検定 $n \geqq 30$	両側検定：$2p$ 値 $\leqq \alpha$ 片側検定：p 値 $\leqq \alpha$

対立仮説：$p \neq p_0$ の場合は，両側検定

$p > p_0$ または，$p < p_0$ の場合は，片側検定

このとき，本検定における統計量 T は式 (3.8) で与えられ，この統計量 T を**表 3.7** の基準に従って判定する。

$$T = \frac{\bar{p} - p_0}{\sqrt{p_0(1-p_0)} / \sqrt{n}} \tag{3.8}$$

ただし $\bar{p}$ は標本比率，n は標本数とする。

α は有意水準に応じて，0.05，0.01 であり，通常 0.05 がとられることは，他の検定と同様である。サイズ $n < 30$ の場合は，F 検定という手法を適用することになるが，本書では割愛する。

【例題 7】

従来の調査で，知名度が 30％の商品 A がある。ある都市全体を対象として商品 A の広告を行った後，そこの住民 100 人を無作為に抽出して調査したところ，商品 A を知っている人が 40 人いた。この広告は商品 A の知名度を高めたといえるか否か，有意水準 0.05 で検定する。

【解答】

帰無仮説：$p = p_0$　広告後の知名度は 30％に等しい。

対立仮説：$p > p_0$　広告後の知名度は 30％より高い。

比較値 $p_0 = 0.3$，　標本比率 $\bar{p} = 40/100 = 0.4$，　統計量 $T = (0.4 - 0.3)/(\sqrt{0.3(1-0.3)}/\sqrt{100}) = 2.18$ となる。対立仮説より右側検定であり，統計量 T に対する p 値 $= 1 -$ NORM.S.DIST(2.18, TRUE) $= 0.015$ となる。

p 値＜有意水準 0.05 より，帰無仮説が棄却され，対立仮説が採択される。したがって，有意水準 0.05 で，広告後の知名度は 30％より高いといえる。よって，広告の効果はあったといえる。◆

【例題 8】

【例題 7】の例で，抽出した住民の数が 50 人で，知っている人が 20 人だっ

た場合は，広告は知名度を高めたといえるであろうか。

【解答】

この場合，帰無仮説，対立仮説，比較値は同じである。標本比率 $\overline{p}=20/50=0.4$，統計量 $T=(0.4-0.3)/(\sqrt{0.3(1-0.3)}/\sqrt{50})=1.54$ となる。対立仮説より右側検定であり，統計量 T に対する p 値 $=1-$NORM.S.DIST(1.54, TRUE) $=0.062$ となる。p 値 $>$ 有意水準 0.05 より，帰無仮説を棄却できない。有意水準 0.05 で，広告後の知名度は 30%より高いといえない。よって，「広告活動は知名度を高めるのに役立ったと判断することはできない」，という結論に達する。帰無仮説が棄却できなかったからといって，「広告活動は知名度を高めるのに役立たなかった」とはいえないことに注意する。◆

調査後の比率が同じでも標本数によって結論が異なる。これは，標本数が少ない場合は，標本平均の分散が大きいことから理解できるであろう。

【例題 9】

A 大学の入試の合格率は毎年 30%程度であるとする。B 高校の A 大学の受験者は 60 人で，合格者は 25 人であった。B 高校は他の高校よりも A 大学の合格率は高いといえるか。有意水準 $\alpha=0.05$ で検定する。

【解答】

帰無仮説：$p=p_0$　B 高校は他の高校と差がない。

対立仮説：$p>p_0$　B 高校は他の高校と差がある。

比較値 $p_0=0.3$，標本比率 $\overline{p}=25/60=0.417$，統計量 $T=(0.417-0.3)/\sqrt{0.3(1-0.3)}/\sqrt{60})=1.98$ となる。対立仮説より右側検定であり，統計量 T に対する p 値 $=1-$NORM.S.DIST(1.97, TRUE) $=0.024$ となる。

p 値 $<$ 有意水準 0.05 より，帰無仮説が棄却され，対立仮説が採択される。したがって，B 高校は他の高校と差がある。つまり，合格率は高いといえる。◆

有意水準として 0.05 をとることが決められたものではないが，統計学の一つの慣習として，「有意確率が 0.05（5%）を下回っていたら統計的に意味がある（有意）」と判断することになっている。0.01 を使っても問題はないが，その場合は「一つのテーマ内で行う検定はすべて同じ基準に揃えなければならない」というルールがある。つまり，有意確率を 0.01 に統一する必要がある。

3 章の振り返り

（1） 正規分布を説明せよ。また，正規分布における $\mu\pm\sigma$，$\mu\pm2\sigma$ 区間に入る確率を述べよ。

（2） 正規分布を仮定したときに，ある値の出現確率を求める方法を示せ。また，その値以下が出現する確率を求める方法も示せ。

（3） 中心極限定理とその意義について説明せよ。

（4） 区間推定の手順を述べよ。

（5） 検定の手順を述べよ。

（6） サンプル数が少ない場合で使用する分布を述べよ。

4

データの分類

データの分類は，判別分析，認識処理などの機械学習の分野における基本的な事項である。例えば，英語の文字画像を認識して日本語に変換する機能，植物の画像から植物の分類をしたのち植物名を明らかにすること，音声信号から音声認識や話者認識を行うことなどが代表的なものであろう。これらの手法としてさまざまな方法が提案され，多くの問題に対して適用されている。本章では分類のための考え方を示すとともに，基本的な手法に限定してその手法を説明する。

4.1 類　似　度

関数の類似度を求めるための基本的な考え方を**図 4.1** に示す。区間 $[a, b]$ における二つの関数 $f(t)$ と $g(t)$ の相違，逆にいえば類似度を調べる方法として，式 (4.1) のように，関数値の差を区間 $[a, b]$ で積分するのが自然である。この場合，二つの考え方がある。すなわち，一つは値の大きさの比較，すなわち差の比較，一つは値の変化の比較すなわち，波形の比較である。

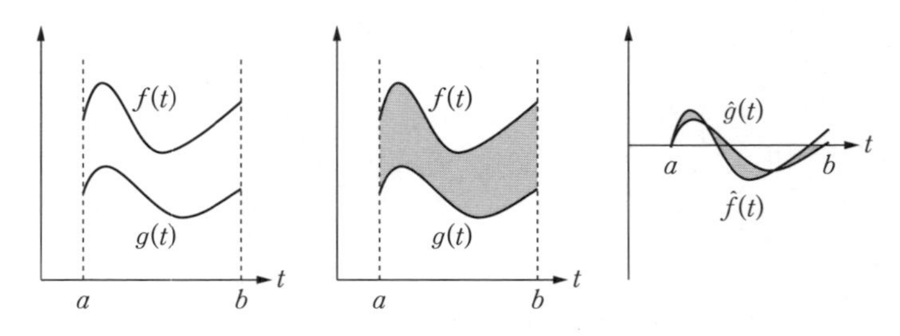

図 4.1　関数間の距離の算出

$$d = \int_a^b |f(t) - g(t)| dt \tag{4.1}$$

前者の場合は，二つの関数の値の相違を評価する。これは，式 (4.1) で与えられる。ここで，二つの信号のデータを連続関数である $f(t)$，$g(t)$ としている。被積分関数は絶対値でも，二乗したものでも考えられる。

一方，後者の場合は，大きさそのものではなく，変化の性質や傾向の相違の比較である。例えば，音声の場合，音の大きさよりも具体的な発語が重要であることからも，後者の重要性は明らかであろう。この場合は，$f(t)$，$g(t)$ からそれぞれの平均値 $\overline{f}(t)$，$\overline{g}(t)$ を差し引いた $\widehat{f}(t)$，$\widehat{g}(t)$ を比較することで，それらの類似度が評価できる。

$$d = \int_a^b \left| \widehat{f}(t) - \widehat{g}(t) \right| dt \tag{4.2}$$

絶対値は扱いにくいので，通常は，以下で定義されるユークリッド距離として類似度は評価される。

$$d_e = \sqrt{\int_a^b \left(\widehat{f}(t) - \widehat{g}(t) \right)^2 dt} \tag{4.3}$$

式 (4.3) から，式 (4.4) が得られる。

$$d_e^2 = \int_a^b \widehat{f}^2(t) dt + \int_a^b \widehat{g}^2(t) dt - 2\int_a^b \widehat{f}(t)\widehat{g}(t) dt \tag{4.4}$$

式 (4.4) の右辺第 3 項が大きいほど距離は小さくなり，二つの関数の類似度は高いといえるが，右辺第 1 項と第 2 項の大きさにも依存する。したがって，この二つの項の大きさで正規化した式 (4.5) が類似度を評価するために用いられる。

$$r = \frac{\int_a^b \widehat{f}(t)\widehat{g}(t) dt}{\sqrt{\int_a^b \widehat{f}^2(t) dt}\sqrt{\int_a^b \widehat{g}^2(t) dt}} \tag{4.5}$$

式 (4.3) の考え方では，たとえ波形の形が近くてもそれらの値が大きければ，結果として評価式 d_e の値も大きくなる。例えば，10 001 と 10 000 の差のほうが，0.5 と 0 の差よりも大きくなることになる。実際は，10 001 と 10 000 の差はほとんど誤差ともいえる場合が多いと思われる。これは明らかに，正当な比較とはいえないであろう。そこで，類似度の評価をこの距離で行う場合は，大きさを揃える処理（正規化処理）を前処理として行うのが通常である。

以上は信号が連続関数で表される場合を例にして述べたが，信号がA/D変換されたディジタルデータの場合でも同じ考え方で類似度が評価できる。すなわち，ユークリッド距離は式 (4.6) で求められる。

$$d_e = \sqrt{\sum_{i=1}^{n} \left(\hat{f}_i - \hat{g}_i\right)^2} \tag{4.6}$$

ここで，$\hat{\boldsymbol{f}}$，$\hat{\boldsymbol{g}}$ はともに n 次元ベクトルであり，その要素数は等しくなければならない。これらのベクトルの要素は，それぞれ $(\hat{f}_1, \hat{f}_2, \cdots, \hat{f}_n)$，$(\hat{g}_1, \hat{g}_2, \cdots, \hat{g}_n)$ であり，式 (4.5) に対応する類似度 R は

$$R = \frac{\sum_{i=1}^{n} \hat{f}_i \hat{g}_i}{\sqrt{\sum_{i=1}^{n} \hat{f}_i^2} \sqrt{\sum_{i=1}^{n} \hat{g}_i^2}} \tag{4.7}$$

である。分子は二つのベクトルの内積である。この式は正規化により，大きさの最大値は1であり，コサイン類似度ともいわれるものである。

一方，二つのデータ $\boldsymbol{x}$，$\boldsymbol{y}$（$\boldsymbol{x}$ と $\boldsymbol{y}$ は，それぞれ n 個の要素からなるベクトル）とその平均値を $\overline{x}$ と $\overline{y}$ としたときの相関係数 r_{xy} は式 (4.8) で定義される。つまり，式 (4.7) による類似度は相関係数と同一の評価である。

$$r_{xy} = \frac{\sum_{i=1}^{n} \left(x_i - \overline{x}\right)\left(y_i - \overline{y}\right)}{\sqrt{\sum_{i=1}^{n} \left(x_i - \overline{x}\right)^2} \sqrt{\sum_{i=1}^{n} \left(y_i - \overline{y}\right)^2}} \tag{4.8}$$

ここで

$$s_{xx} = \frac{1}{n}\sum_{i=1}^{n} \left(x_i - \overline{x}\right)^2, \quad s_{yy} = \frac{1}{n}\sum_{i=1}^{n} \left(y_i - \overline{y}\right)^2, \quad s_{xy} = \frac{1}{n}\sum_{i=1}^{n} \left(x_i - \overline{x}\right)\left(y_i - \overline{y}\right) \tag{4.9}$$

を用いると

$$r_{xy} = \frac{s_{xy}}{\sqrt{s_{xx}}\sqrt{s_{yy}}} \tag{4.10}$$

と書ける。なお，s_{xx}，s_{yy} はそれぞれのデータ $\boldsymbol{x}$，$\boldsymbol{y}$ の分散であり，s_{xy} は共分散と呼ばれるものである。分散，共分散は後述するマハラノビスの距離を求めるときなどにも用いられる。

いま，身長と体重として，**表 4.1** の関係があるとする。この類似度と相関係数を求めてみる。

表 4.1　身長と体重のデータ

身　長	体　重	身　長	体　重
161	56	166	58
168	62	164	60
163	57		

式 (4.7) に基づく類似度の計算は，Excel 関数を用いると COVARIANCE.P (身長のデータ，体重のデータ)/(STDEV.P(身長のデータ)*STDEV.P(体重のデータ)) で求められる。一方，相関係数としては CORREL(身長のデータ，体重のデータ) で計算できる。結果はともに 0.838 と一致した値を得ることが確認できる。

なお，実際の問題では，二つの時系列データなどの類似度の比較ではデータの要素数が一致しないことも多い。この場合には，要素数が同じになるように区間分割し，その区間内の各要素の平均値を要素として上記手法を適用することなどが考えられる。また，データの長さを吸収して類似度を求める手法（例えば DP（Dynamic Programming）マッチングなど）もある。

―― 事例：加速度データの類似度の比較 ――

スマートフォン（スマホ）を**図 4.2** に示した形で手に持って（図中に加速度の検出軸も示している），A：円を描画したときのデータ，B：一直線に左から右に動かしたデータ，C：三角形を描いたときのデータを事前に取得する。ここでは平面内の動きとして，奥行き方向には動かさないようにし，z 軸方向の加速度成分は考慮しなくてよいことにする。

ここで，一つの動きとして，円運動を改めて行い取得したデータを D とす

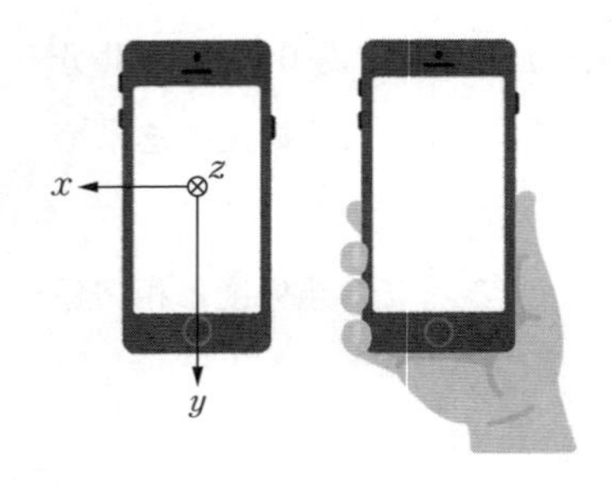

図 4.2　スマホの所持方法と検出軸の方向

る。Dとそれぞれのデータとのコサイン類似度を求めることによって，新たな動きがどの動きに最も近いものだったのか，と予測してみる。明らかにAとDの類似度が高くなることが予想されるであろう。逆に，新たな動きを未知として，そのデータDとデータA，BおよびCとの類似度の比較により，Dの動きを分類することができる。

動きの条件から z 軸方向の加速度は無視して，x，y 軸方向の加速度成分をそれぞれの平均値，標準偏差を用いて正規化し，a_x，a_y としてその合成値 $\sqrt{{a_x}^2+{a_y}^2}$ から，平面内の加速度で評価する。ここでは，動きの開始，終了近くのデータを除外し，各動きのデータのベクトルの要素数を13個に揃えた。それぞれの波形は**図 4.3**となる。人間の目から見てもAの波形とDの波形が

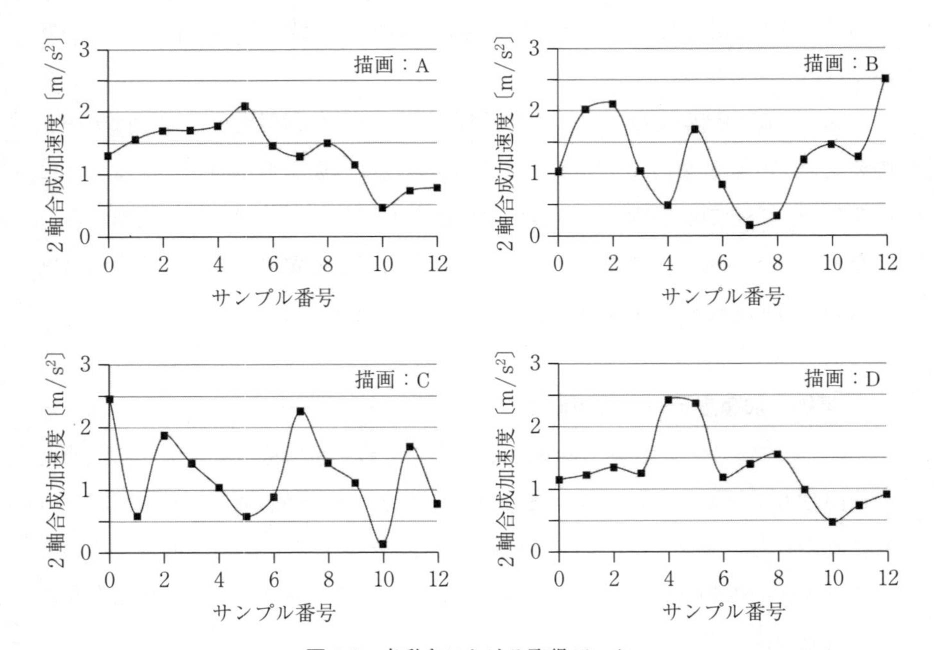

図 4.3　各動きにおける取得データ

近いように思える。ここで，グラフの横軸は時間ではなく，サンプル番号（サンプルの順番）を示している。また，動きが把握しやすいように，グラフは各サンプル間を曲線で補間している（Excelのグラフ機能）。

このデータに対して，式 (4.7) を適用して類似度を比較した結果を**表 4.2** に示す。予想どおり，データ A とデータ D の類似度が最も高いことが確認できる。なお，同一データであるAとA，BとBなどの類似度は，式 (4.7) より1になる。データに何らかの処理を適用する場合は，事前に理論的な観点から結果を予想し，結果を確認しながら処理を進めるようにしたい。

表 4.2　類似度の算出結果

対　象	類似度
A-D	0.847
B-D	−0.271
C-D	0.007

4.2　2グループの分離度

前節での手法は，データの静的・動的[†]を問わず，ある二つのデータ間の類似度を評価する方法であったが，本節では静的なデータの分類の基礎となる分離度（離れ具合）について考える。例えば，二つに分けるべきグループは，どのような基準で分けるべきであろうか。

いま，説明を簡単にするために n 個の個体からなるデータを考える。**表 4.3** に個体と所属グループという形で示す。各データは二つのグループ P（個体 1 〜 m）と Q（個体 $m+1$ 〜 n）に属しているとする。全データの平均値を $\overline{z}$ とすると，データのばらつきを表す指標である全変動 S_T は，式 (4.11) で表される。

$$S_T = (z_1 - \overline{z})^2 + \cdots + (z_m - \overline{z})^2 + (z_{m+1} - \overline{z})^2 + \cdots + (z_n - \overline{z})^2 \tag{4.11}$$

ここで，グループ P，Q に属するそれぞれのデータの平均値を $\overline{z}_P$，$\overline{z}_Q$ とし，

† 静的データとは時間変化がない（無視できる）データ，動的データとは時間変化がある（無視できない）データを示す。例えば，各年ごとのある作物の生産量などは静的データであり，動きの状態を示す加速度データは動的データである。

表 4.3　個体と所属グループ

個　体	データ値 z	所属グループ
1	z_1	P
2	z_2	P
⋮	⋮	⋮
m	z_m	P
$m+1$	z_{m+1}	Q
⋮	⋮	⋮
$n-1$	z_{n-1}	Q
n	z_n	Q

さらに，各グループに属する個体を次式のように変形する。それぞれグループPの個体1，グループQの個体 $m+1$ を例にしている。

$$z_1-\bar{z}=z_1-\bar{z}_P+\bar{z}_P-\bar{z} \tag{4.12}$$

$$z_{m+1}-\bar{z}=z_{m+1}-\bar{z}_Q+\bar{z}_Q-\bar{z} \tag{4.13}$$

これをグループごとに行うと S_T は，以下の形に変形できる。

$$\begin{aligned}
S_T&=(z_1-\bar{z}_P+\bar{z}_P-\bar{z})^2+\cdots+(z_m-\bar{z}_P+\bar{z}_P-\bar{z})^2\\
&\quad+(z_{m+1}-\bar{z}_Q+\bar{z}_Q-\bar{z})^2+\cdots+(z_n-\bar{z}_Q+\bar{z}_Q-\bar{z})^2\\
&=(z_1-\bar{z}_P)^2+(z_P-\bar{z})^2+2(z_1-\bar{z}_P)(\bar{z}_P-\bar{z})+\cdots\\
&\quad+(z_m-\bar{z}_P)^2+(z_P-\bar{z})^2+2(z_m-\bar{z}_P)(\bar{z}_P-\bar{z})+\cdots\\
&\quad+(z_{m+1}-\bar{z}_Q)^2+(\bar{z}_Q-\bar{z})^2+2(z_{m+1}-\bar{z}_Q)(\bar{z}_Q-\bar{z})+\cdots\\
&\quad+(z_n-\bar{z}_Q)^2+(\bar{z}_Q-\bar{z})^2+2(z_n-\bar{z}_Q)(\bar{z}_Q-\bar{z})\\
&=(z_1-\bar{z}_P)^2+\cdots+(z_m-\bar{z}_P)^2+(z_{m+1}-\bar{z}_Q)^2+(z_n-\bar{z}_Q)^2\\
&\quad+(\bar{z}_P-\bar{z})^2+\cdots+(\bar{z}_P-\bar{z})^2+(\bar{z}_Q-\bar{z})^2+\cdots+(\bar{z}_Q-\bar{z})^2\\
&\quad+2(\bar{z}_P-\bar{z})\{(z_1-\bar{z}_P)+\cdots+(z_m-\bar{z}_P)\}\\
&\quad+2(\bar{z}_Q-\bar{z})\{(z_{m+1}-\bar{z}_Q)+\cdots+(z_n-\bar{z}_Q)\}
\end{aligned} \tag{4.14}$$

右辺の後半の二つの項は，「各グループに属する個体の和」と「そのグループの平均の和」の差であることから0となる。したがって

$$S_W=(z_1-\bar{z}_P)^2+\cdots+(z_m-\bar{z}_P)^2+(z_{m+1}-\bar{z}_Q)^2+\cdots+(z_n-\bar{z}_Q)^2 \tag{4.15}$$

$$S_B = n_P(\overline{z}_P - \overline{z})^2 + n_Q(\overline{z}_Q - \overline{z})^2 \tag{4.16}$$

とおくと，式 (4.14) は式 (4.17) で表される。ここで，n_P をグループ P に含まれる個体数（$=m$），n_Q をグループ Q に含まれる個体数（$=n-m$）としている。

$$S_T = S_W + S_B \tag{4.17}$$

4.2.1　群　内　変　動

式 (4.15) で表される S_W について，改めて見てみる。S_W は各グループ内の変動を示している。これは，「各サンプルの値」と「そのグループ内の平均値との差」の和であることから明らかである。この意味で，S_W は群内変動と呼ばれる。群内変動の意味は**図 4.4** から理解できる。

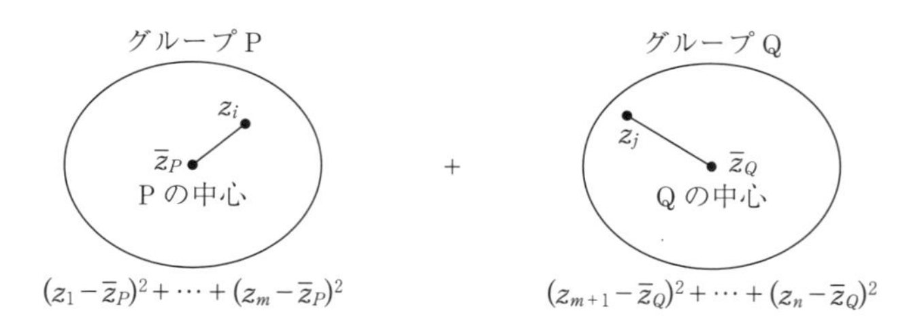

図 4.4　群内変動の意味

4.2.2　群　間　変　動

一方，式 (4.16) の S_B について見てみる。$\overline{z}_P - \overline{z}$，$\overline{z}_Q - \overline{z}$ はそれぞれ，各グループ P，Q の平均値 $\overline{z}_P$，$\overline{z}_Q$ と全体の平均値 $\overline{z}$ との差である。したがって，式 (4.16) の右辺第 1 項は，グループ P とサンプル全体の平均からの離れ具合，同様に，右辺第 2 項はグループ Q とサンプル全体の平均からのそれを示している。それらの和である S_B は，二つのグループ，すなわち，グループ P と Q がどれくらい離れているかを示す尺度と解釈できる。この値が大きければ，両者はより離れていることになる。この意味で，S_B は群間変動と呼ばれるものである。群間変動の意味は**図 4.5** からも明らかであろう。

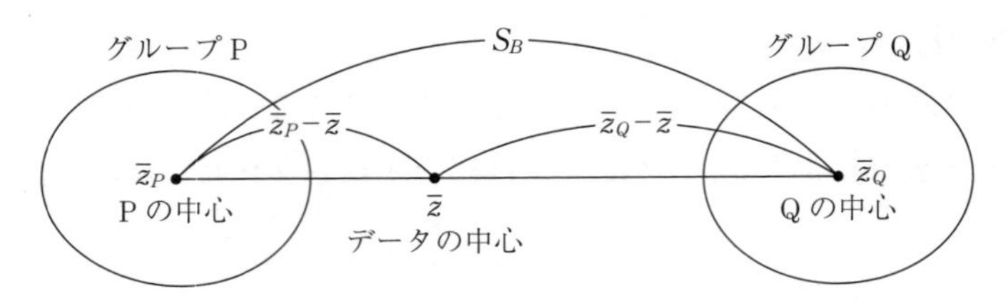

図 4.5　群間変動の意味

4.2.3 相　　関　　比

前述のとおり，全変動 S_T は群間変動 S_B と群内変動 S_W として分けることができる。ここで，式 (4.18) に示す相関比 η（イータ）を定義する。

$$\eta^2 = \frac{S_B}{S_T} \tag{4.18}$$

これは全変動 S_T における群間変動 S_B の割合を示す指標であり，その意味から $0 \leqq \eta^2 \leqq 1$ である。この相関比が 1 に近いほど群間変動 S_B の割合が大きいこと，すなわち二つのグループ間の距離が，各グループ内の変動に対して大きいことを表している。**図 4.6** は二つのグループ間の距離と相関比の関係を示している。このことから，相関比の大きさによって，二つのグループの分離度，逆にいうと類似度が評価できる。また，相関比が最大になるようにグループ分けをすることが，適切なグループ分け，すなわち，二つのグループを最も適切に分けることになることも理解できよう。

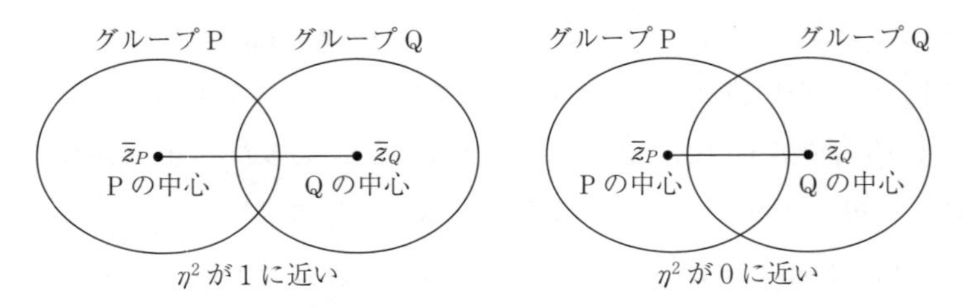

図 4.6　群間変動と相関比の関係

4.3 線形判別分析

前節で述べた相関比が最大となるように二つのグループを分けることができれば，それは一つの基準で最もよく二つのグループに分けることになる。そのための数学的に明確な判断基準を求めるのが判別分析であり，直線で2グループに分ける方法を線形判別分析という。

ここで，つぎの例を考える。これはある検査1と検査2の結果とガンの有無の評価結果である（**表4.4**）。ここで，検査結果であるガンの有無は数値，すなわち1はガン有，2はガン無で表している。グラフで表現すると**図4.7**になる。グラフから明らかに，検査結果1および2の結果が低いことがガンの可能性が高い傾向にあることが把握できる。この二つを分離する直線を求めることができれば，二つのグループに分離できることになる。そして，新たなサンプルに対して，その直線を適用することによって，どちらのグループに属するものかを判別することができる。

数学的にガンの有無の判別を行う。すなわち，二つのグループに分割する直

表4.4　検査結果とガンの有無

被検査者	検査結果1	検査結果2	ガンの有無
A	3	2	1
B	4	1	1
C	2	2	1
D	2	3	1
E	4	5	1
F	4	4	2
G	5	8	2
H	3	6	2
I	6	7	2
J	5	4	2

1：ガン有
2：ガン無

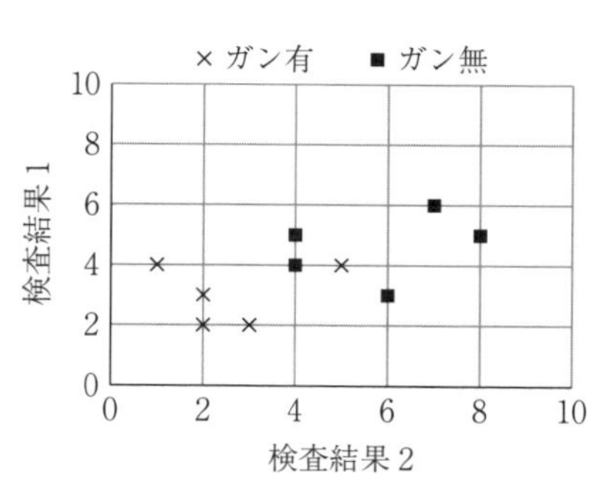

図4.7　検査結果とガンの有無

線を求める。具体的には，ガン有のグループをP，ガン無のグループをQとして，この二つのグループの分離度を最大とする基準をつくること，そのための新変数zをつくることになる。すなわち

$$z = ax + by + c \tag{4.19}$$

の係数，a，b，cが二つのグループの分離度を最大とするように決定することが，二つのグループを最も正しく分けることになる。数学的には4.2.3項で述べた相関比が最大となるように，それらの係数を決定するという問題に帰着する。相関比が大きいときは2グループは分離され，小さいときは重なる領域が大きいことは図4.6からも明らかである。

相関比（式(4.18)）を構成する項は，式(4.15)，(4.16)から明らかなように平均値との差分をとって求めている。したがって，定数項cは相関比の定義からは求めることはできない値である。このため定数項cは，式(4.19)の平均値が0となる制約条件をつけて求める。すなわち

$$\overline{z} = 0 \tag{4.20}$$

である。これにより，式(4.19)から得られる合成変数zの正負でどちらのグループに属するかを判定できることになる。したがって，式(4.20)の条件を満たして，式(4.18)の相関比が最大となるa，b，cを求めることになる。しかし，相関比が最大という条件下では，aとbの比しか求めることはできない。そこで，zの分散が1という制約条件も加える。

$$s_z^{\,2} = 1 \tag{4.21}$$

このように決めることで，式(4.19)から求められるzの値の正負でどちらのグループに存在するかが判定できる。

以上をまとめると，この問題は合成変数zの平均値が0，分散が1という制約条件下で，相関比ηを最大とする係数a，b，cを決定する問題に帰着できる。この算出は，Excelのソルバー機能を用いることで可能である。手順は以下である。

① 判別を行うデータを入力する。

② 係数a，b，cの初期値をセットする。ここでは，すべて1.0とした。

③ ① のデータに対して，② の初期値から値を算出する（式 (4.19)）。

④ 全変動，群間変動，相関比を求める。全変動 S_T は，式 (4.11) から z の分散 $s_z{}^2$×データ数で求められる。また，群間変動 S_B は，式 (4.15) で求められる。

⑤ 新変数 z の分散を求める。

つぎの ⑥ と順序は逆になるが判別対象のデータと計算結果を**図 4.8** に示す。

	A	B	C	D	E	F
1						
2		被験者	検査1	検査2	ガンの有無	z
3		A	3	2	1	−0.97
4		B	4	1	1	−0.97
5		C	2	2	1	−1.29
6		D	2	3	1	−0.97
7		E	4	5	1	0.32
8		F	4	4	2	0.00
9		G	5	8	2	1.61
10		H	3	6	2	0.32
11		I	6	7	2	1.61
12		J	5	4	2	0.32

	G	H	I	J	K	
1						
2		係数	a	b	c	
3		z=ax+by+c	0.32	0.32	−2.58	変数セル
4						
5		変数	x	y	z	
6		全平均	3.80	4.20	0.00	制約条件
7		有平均	3.00	2.60	−0.77	
8		無平均	4.60	5.80	0.77	
9						
10		全変動ST	10.00	分散	1.00	制約条件
11		群間変動SB	6.00			
12		相関比η2	0.60			
			目的セル（最大化）			

図 4.8　判別対象のデータと計算結果[†1]

⑥ Excel のソルバー機能[†2]を用いるための設定を行う（**図 4.9**）。

（i）　目的セルに，相関比を設定したセルを指定する。

（ii）　変化させるセルは，係数 a，b，c のセルを指定する。

（iii）　制約条件として，合成変数 z の平均値 $\overline{z}$，分散 $s_z{}^2$ を設定する（対象のセルに，それぞれ =0，=1 と入力する）。

⑦ 解決をクリックし，設定した制約条件下での解を求める。実行後は，制約条件であった平均値 $\overline{z}=0$，分散 $s_z{}^2=1$ となっていることを確認する。

⑧ 結果を解釈する。新たな被験者の判定をする場合は，検査結果，すなわち，検査結果 1，検査結果 2 のパラメータを合成変数 z の式に与えて，その値の正負でどちらのグループに属するのかの判定を行う。

---

†1　初期値として設定した値を用い，⑥ 以降の手順を実行した相関比が最大になった後の値（計算結果）を表示している。

†2　Excel の［データ］タブを選択したメニューでソルバーが表示されない場合は，付録 C の分析ツールの設定の箇所で示した［ファイル］-［オプション］-［アドイン］-［ソルバーアドイン］以降の操作を行い，ソルバー機能の利用を可能にしておく必要がある。

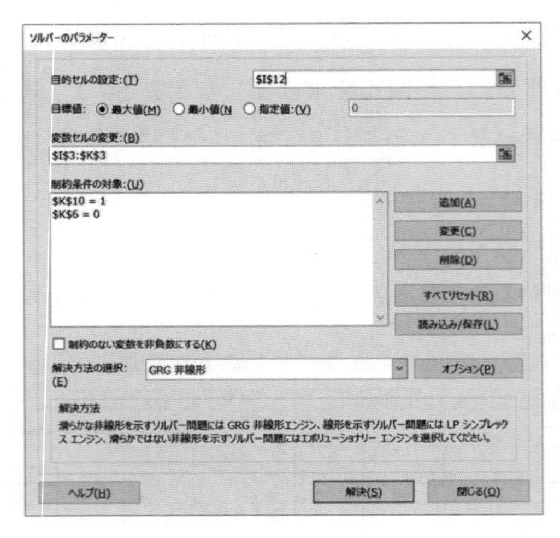

図 4.9　ソルバーの設定

H	I	J	K
係数	a	b	c
z=ax+by+c	0.32274857698449	0.322748576968971	-2.58198861584018
変数	x	y	z
全平均	=AVERAGE(C3:C12)	=AVERAGE(D3:D12)	=AVERAGE(F3:F12)
有平均	=AVERAGE(C3:C7)	=AVERAGE(D3:D7)	=AVERAGE(F3:F7)
無平均	=AVERAGE(C8:C12)	=AVERAGE(D8:D12)	=AVERAGE(F8:F12)
全変動ST	=10*VAR.P(F3:F12)	分散	=VAR.P(F3:F12)
群間変動SB	=5*(K7-K6)^2+5*(K8-K6)^2		
相関比η2	=I11/I10		

図 4.10　セルに設定した Excel 関数

読者の確認のために，各セルに入力した Excel 関数を**図 4.10** に示す。

表 4.4 に示したデータから上記の手順で係数 a，b，c を求めると，$a=0.323$，$b=0.323$，$c=-2.58$ となる。式 (4.19) の線形判別関数 $z=ax+by+c$ に各係数と $z=0$ を代入して得られる直線を**図 4.11** のグラフ中に示す。

$$0.323x+0.323y-2.58=0 \tag{4.22}$$

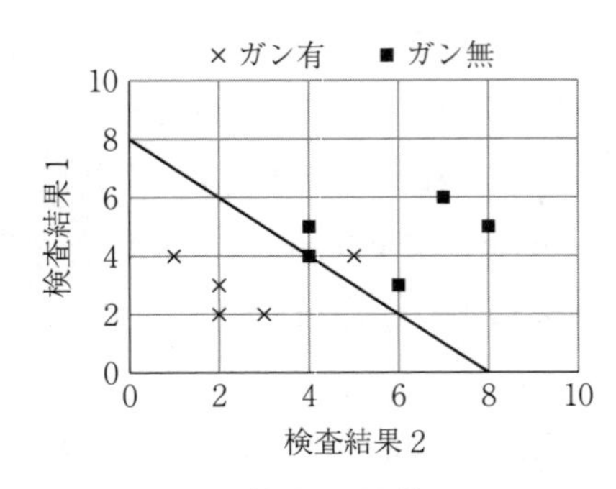

図 4.11　線形判別関数による
グループの分割

この直線は，2グループの重心の中点を通る性質がある。また，2グループが正負に分かれることになることは，z の平均値が0となるように直線を求めたことからも理解できるであろう。

ここで，合成変数 z の係数の意味を考えてみる。係数の絶対値が大きいほど，その変数の影響度が高いことを示している。また，その正負は，正の傾向（要するに，値が大きくなるほどその傾向が強くなること），負の傾向（マイナスの値が大きくなるほど，逆の傾向となること）を示すものである。係数から合成変数 z の値を求めた結果を**表 4.5** に示す。この表に示すとおり，必ずしもすべてのサンプルが z の正負で判定されるグループに属するものはないことを理解しておく必要がある。被検査者 E がそれに該当する。これは，サンプルに例外的な傾向を持つものがあるということや，単純な直線で二つのグループを分割するということそのものに無理がある，ということを考慮すると理解できるだろう。

表 4.5 ガンの有無と線形判別関数による計算結果

被検査者	検査結果 1	検査結果 2	ガンの有無	z
A	3	2	1	−0.969
B	4	1	1	−0.971
C	2	2	1	−1.290
D	2	3	1	−0.966
E	4	5	1	0.323
F	4	4	2	0.000
G	5	8	2	1.615
H	3	6	2	0.325
I	6	7	2	1.613
J	5	4	2	0.321

1：ガン有
2：ガン無

新たな被検査者の検査結果 1 が 5，結果 2 が 6 の場合のガンの判定は，判別判定式に代入して 0.97 を得る。よって，ガン無と判定できる。式 (4.19) で $z=0$ とした直線が二つのグループを分ける境界線であることは，すでに述べたとおりであるが（その正負によって判定する），直線の傾きが正の場合と負の場合とで，上側領域と下側領域が逆になることに留意する必要がある。線形判別の関数式の傾きと上側・下側領域の関係を**図 4.12** に示す。

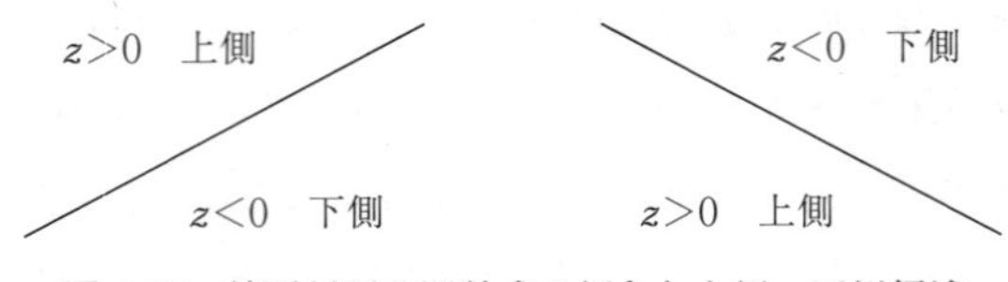

図 4.12　線形判別の関数式の傾きと上側・下側領域

4.4 *k* 近傍法

本手法は，*k* 最近傍（*k* nearest neighbor）法，*k*-NN 法とも呼ばれるもので，基本的なパターン分類アルゴリズムであり，多数決による判別分析手法である。すなわち，判別すべき個体の周辺の最も近いものを *k* 個見つけ，その *k* 個の属するクラスの多数決により，どのクラスに属するかを判定する。

本手法では学習対象のサンプルから，そのクラスの特徴を示す要素から構成されるベクトルを作成する。これを特徴ベクトルと呼ぶ。例えば，特定の花の種類であれば，花びらやがく片の長さや幅などが考えられる。

判別対象のサンプルに対して，学習データと同じ要素からなる特徴ベクトルを求める。複数の学習モデルの特徴ベクトルと判別対象の特徴ベクトルのベクトル間距離（式 (4.23) のユークリッド距離が通常使われる）を求め，距離の近い点から *k* 個選択する。その *k* 個のクラスの中の個体の多数決で，所属するクラスを決定するという手法である。数学的には，距離を求めるだけであり容易な手法である。なお，選択数 *k* の値によって結果が変化する可能性があるので，*k* を変化させて結果を評価し，その結果から最適と思われる *k* を決定するという手法をとるのが一般的である。

特徴ベクトルが 2 次元，つまり，特徴を示す要素が二つの場合の例を**図 4.13** に示す。x_1，x_2 は特徴量を示している。判別対象を☆とすると *k* が 3 の

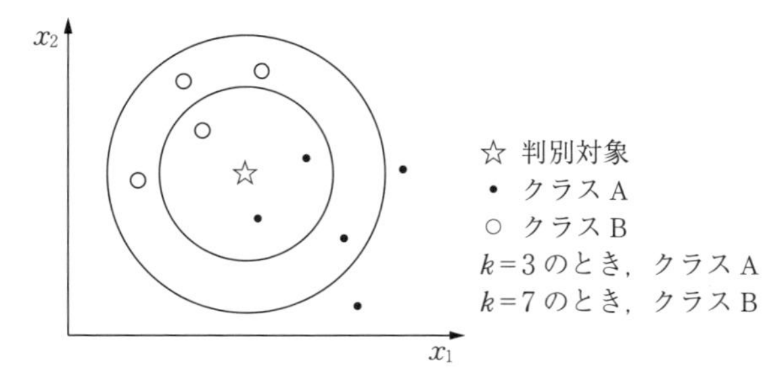

図 4.13 選択数 k による判別結果

場合は，クラスA（•）が3個中2個であり，k が7の場合はクラスB（○）が7個中4個であり，多数決によって判別結果がそれぞれクラスA，クラスBとなる。

学習サンプルの特徴ベクトル $\boldsymbol{p}$ と判別対象の特徴ベクトル $\boldsymbol{q}$ を n 次元とすると，そのベクトル間のユークリッド距離 d は式 (4.23) で与えられる。ユークリッド距離の算出方法は**図 4.14** に示すとおりである。例えば，二つの特徴量ベクトルがそれぞれ（1，2，3），（−1，5，6）の場合は，その距離は $\sqrt{2^2+3^2+3^2}=\sqrt{22}$ である。

$$d=\sqrt{\sum_{i=1}^{n}\left(p_i-q_i\right)^2} \tag{4.23}$$

いま**表 4.6** のデータを用いて，本手法を適用すると**表 4.7** の結果が得られる。

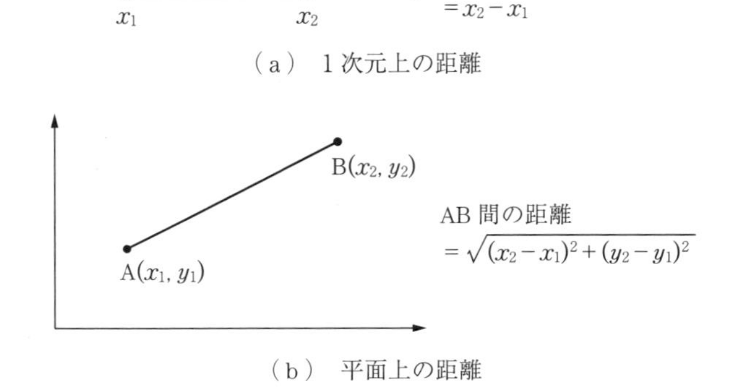

図 4.14 ユークリッド距離の計算方法

表4.6　各サンプルの特徴量

サンプル	花びらの長さ	花びらの幅	クラス
サンプル1	2.6	1.6	B
サンプル2	1.3	1.6	A
サンプル3	3.7	1.4	B
サンプル4	2.5	2.4	A
サンプル5	3.9	1.5	A
判別対象	2.8	1.0	?

表4.7　判別対象と各サンプルとの距離と順位

サンプル	クラス	判別対象との距離	距離順位
サンプル1	B	$\sqrt{(2.8-2.6)^2+(1.0-1.6)^2}=0.63$	1
サンプル2	A	$\sqrt{(2.8-1.3)^2+(1.0-1.6)^2}=1.62$	5
サンプル3	B	$\sqrt{(2.8-3.7)^2+(1.0-1.4)^2}=0.98$	2
サンプル4	A	$\sqrt{(2.8-2.5)^2+(1.0-2.4)^2}=1.43$	4
サンプル5	A	$\sqrt{(2.8-3.9)^2+(1.0-1.5)^2}=1.21$	3

$k=3$として上位3位まで選択すると，クラスAは一つ，クラスBは二つ選択される。よって，この場合は判別対象はクラスBに属するものと判別される。$k=5$の場合は，クラスAと判別される。kのとり方やサンプル数によって，判別結果が異なる可能性があることも理解できるであろう。また，判別精度を高めるためには，特徴量の選択が最も重要であることも明らかである。

このように，花びらの長さや幅などの比較では，その数値をそのまま用いて距離比較をすることが可能である。しかし，例えば，重量，身長，腹囲など特徴量の大きさが異なるものをこの手法で判別する場合は，この例と同じく単純に距離を求めることでよいのか，という疑問は当然あるであろう。この場合は，前処理として特徴量ごとに1.3節で求めた正規化（標準化，規格化とも呼ばれる）の処理を各要素に適用して，距離を求めることで判別分析をより精度よく行うことが可能である。また，データの数が少なく，平均値，標準偏差を算出するのが適当ではない，と判断できる場合は，特徴量の値をx_{std}とした場合，その最大値x_{max}，最小値x_{min}を用いて，各特徴量に式(4.24)に示す処理を行ってから距離を求めるのが通常の手法として行われている。

$$x_{std}=\frac{x-x_{min}}{x_{max}-x_{min}} \tag{4.24}$$

―― 事例：加速度データの *k* 近傍法による判別 ――

スマホ内蔵の加速度センサで得られる加速度データを用いて，動き（空中での描画文字）を判別することを試みる。スマホを手に持って（所持方法は図4.2と同様である），それぞれ α，β という文字を描いたときのそれぞれの加速度の平均値と標準偏差を求めた。その結果を**表4.8**に示す。ここでは，x，y，z の3軸の加速度の値を使用する。

表4.8 各文字描画時の加速度データ（学習データ）

描画文字	学習データ	x 平均	x 標準偏差	y 平均	y 標準偏差	z 平均	z 標準偏差
α	$\alpha1$	1.65	4.04	8.10	4.25	3.67	5.90
α	$\alpha2$	1.76	4.03	7.90	4.43	3.41	5.95
α	$\alpha3$	1.70	4.86	8.26	4.74	3.56	5.07
β	$\beta1$	0.90	3.82	8.78	4.25	2.56	3.05
β	$\beta2$	0.74	4.76	9.20	4.35	2.60	2.71
β	$\beta3$	1.19	4.64	9.37	4.39	2.39	2.78

判別対象の加速度データを**表4.9**に示す。ちなみに，表の中で判別対象データA，Bと記述したデータは，それぞれ α，β を描画したときの結果である。

この判別対象のデータに対して，学習データとの距離を求めた結果は**表4.10**である。

表4.9 判別対象の加速度データ

判別対象データ	x 平均	x 標準偏差	y 平均	y 標準偏差	z 平均	z 標準偏差
A	1.50	3.91	8.55	3.78	2.97	4.56
B	0.80	4.13	9.04	3.84	2.70	2.92

$k=3$ として，上位3位までの結果を選択すると，判別対象データAの場合は学習データ $\alpha3$，$\alpha1$，$\alpha2$，データBの場合でそれぞれ $\beta1$，$\beta2$，$\beta3$ との距離が近く，それぞれ α，β と判別されることになる。

表 4.10　距離算出の結果と順位

学習データ	データAとの距離	順　位	データBとの距離	順　位
$\alpha 1$	1.66	2	3.41	5
$\alpha 2$	1.75	3	3.50	6
$\alpha 3$	1.60	1	2.85	4
$\beta 1$	1.76	4	0.62	1
$\beta 2$	2.37	6	0.86	2
$\beta 3$	2.28	5	0.97	3

ここで試しに，学習データの次元を減らしてみる。要するに，z 軸方向のデータを除いて判別を試みる。表 4.8，表 4.9 のデータの z の平均値，標準偏差を 0 とすることと等価であるので，計算は容易である。その結果を**表 4.11** に示す。

表 4.11　距離算出の結果と順位（x，y 成分）

学習データ	データAとの距離	順　位	データBとの距離	順　位
$\alpha 1$	0.68	1	1.34	4
$\alpha 2$	0.96	3	1.61	5
$\alpha 3$	1.40	5	1.66	6
$\beta 1$	0.80	2	0.58	1
$\beta 2$	1.43	6	0.83	2
$\beta 3$	1.29	4	0.91	3

$k=3$ としているので，判別結果には変化がないが，判別対象データAの場合で順位2位として $\beta 1$ が選択されている。また，判別対象データBと学習データ α の距離でも順位が変化していることが確認できる。多数決判定のための k の数が結果に影響を与えることは明らかであるが，学習モデルの特徴量（この場合は，各軸の加速度の平均，標準偏差）にも影響を受けることが確認できるであろう。実際，判別や認識処理においては，この特徴量の選択が判別性能に大きな影響を与えることになるので，判定結果を見ながら特徴量の検討をしていくことが，現実的な手法である。

4.5　マハラノビスの距離

通常我々が使っている距離はユークリッド距離といわれるもので，すでに前節で述べた。これに対してマハラノビス†の距離は，データ間の距離を求めるという意味では同様であるが，データのばらつきを考慮して算出したものであり，1変数の場合は次式で定義される。

$$D^2 = \left(\frac{x - \overline{x}}{\sigma}\right)^2 \tag{4.25}$$

ここで，xは距離を求める対象のデータ，$\overline{x}$はデータ群の平均値，σは標準偏差，すなわち，ばらつきを示す値である。これは標準偏差が大きければ，平均値から離れていても小さい距離になること，逆に標準偏差が小さければ，ばらつきが小さく，平均値に近接していても大きい距離になることを示している。マハラノビスの距離は，この考え方を取り入れた距離であり，式(4.25)はこのことを意味している。

例えば，国語，数学で平均点がともに50点，標準偏差が10点と20点でともに60点をとった場合

$$\text{国語のマハラノビスの距離：} D^2 = \left(\frac{60-50}{10}\right)^2 \qquad D = 1$$

$$\text{数学のマハラノビスの距離：} D^2 = \left(\frac{60-50}{20}\right)^2 \qquad D = 0.25$$

であり，同じ得点でも国語のほうが平均点から離れていることになるが，これは標準偏差が示すばらつきを考慮すると妥当な評価であると理解できる。つまり，標本の分布がばらついていて標準偏差が大きければ，平均値から離れていてもマハラノビスの距離は小さい距離になる。またこの逆，すなわち，標準偏差が小さければ，平均値に近くても大きい距離になる。

† 20世紀のインドの数理統計学者（1893-1972）であり，マハラノビスの距離はマハラノビスによって定義されたものである。

では，前述が1科目の得点という1変数だったのに対して，多変数からデータがなる場合のマハラノビスの距離はどのように求められるのであろうか。1変数の場合の式 (4.25) を多次元に拡張し，式 (4.26) として書ける。

$$D^2=(\boldsymbol{x}-\overline{\boldsymbol{x}})S^{-1}(\boldsymbol{x}-\overline{\boldsymbol{x}})^T \tag{4.26}$$

ここで，$\boldsymbol{x}$，$\overline{\boldsymbol{x}}$ はそれぞれデータセット，およびその平均値からなる n 次元ベクトルであり，多次元の場合，S は標準偏差ではなく，分散共分散行列となる。その対角要素は分散，非対角要素は共分散で構成される行列である。ただし，分散は，その分母は $n-1$ で除算する不偏分散である。また，T は転置を意味している。$\boldsymbol{x}-\overline{\boldsymbol{x}}$ が1行 n 列なので，その転置である $(\boldsymbol{x}-\overline{\boldsymbol{x}})^T$ は n 行1列，分散共分散行列は n 行 n 列であり，当然，演算結果である距離 D はスカラーとなる。1次元の場合の標準偏差の二乗，すなわち分散が多次元の場合は分散共分散行列に拡張されると考えると，その意味は理解できよう。例えば，特徴量が2次元の場合のマハラノビスの距離は，次式で与えられる。

$$D^2=\begin{pmatrix}x-\overline{x} & y-\overline{y}\end{pmatrix}\begin{pmatrix}S_x^{\,2} & S_{xy}\\ S_{yx} & S_y^{\,2}\end{pmatrix}^{-1}\begin{pmatrix}x-\overline{x}\\ y-\overline{y}\end{pmatrix} \tag{4.27}$$

この式から個々のデータを表す（x，y）とその平均値の表す $\overline{x}$，$\overline{y}$ との差を分散共分散行列で割ることに準じる処理（数学的には，その逆行列をかける）によって，マハラノビスの距離が求められる。分散共分散行列は，Excel の分析ツールを用いて，また，その逆行列はその関数（MINVERSE）を用いて得られるので，本手法はそのためのプログラムや特別なツールを用いることなく利用できる。

距離を求めたいデータと各グループとのマハラノビスの距離を求め，その値が最も小さいグループに属するものと判定する。マハラノビスの距離は，多数のグループの中から，新たなサンプルがどこに属するものか，という問題に適用される場合が多い。

表 4.12 のデータを例にとって，各サンプルの重心までのマハラノビスの距離を求めてみる。

グラフに表すと**図 4.15** のようになる。x のデータと y のデータの平均から，

表 4.12 計算のためのデータ例

	x_1	x_2
A	2	1
B	2	6
C	3	2
D	3	3
E	4	3
F	4	5
G	5	4
H	5	5
I	6	5
J	6	6
平　均	4	4

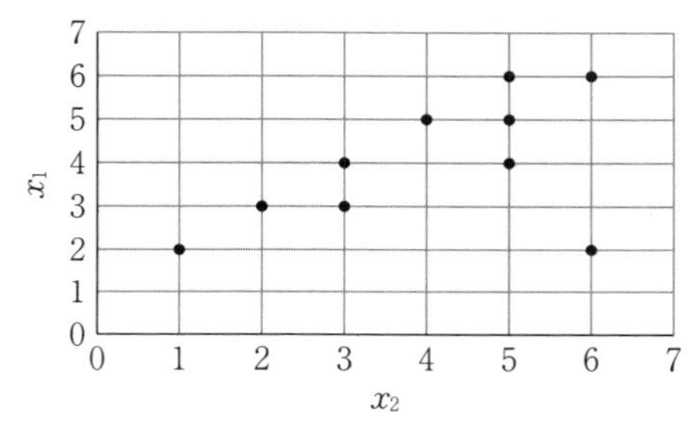

図 4.15 データの分布

データ全体の平均（重心位置）は（4, 4）の位置である。この重心に対するサンプル B と J のユークリッド距離とマハラノビスの距離を求めてみる。

先にユークリッド距離を求める。

サンプル B（2,6），J（6,6）の重心位置とのユークリッド距離は

サンプル B：$\sqrt{(2-4)^2+(6-4)^2}=2.83$

サンプル J：$\sqrt{(6-4)^2+(6-4)^2}=2.83$

で同じ値になる。データの分布から見た場合，サンプル B の近くには他のサンプルがなく，J よりも異質なものであるような印象を受ける。このとき，マハラノビスの距離は，どのような値になるだろうか。前述の手順を整理すると

① $x-\overline{x}$，$y-\overline{y}$ を求める。

② 上記二つのデータの分散共分散行列を求める。

分散共分散行列の求め方は，分析ツールから共分散[†1]を選択する（**図 4.16**）。

そして，計算の対象となる範囲のセルを入力する[†2]とともに，出力先とし

†1　Excel 2016 においてもデータ分析の共分散解析では，数式表示で判断すると関数 VARP（標本分散）を用いて計算されているようである。

†2　表 4.12 の数値データは，B2 から B11，C2 から C11 に格納されているとしている。

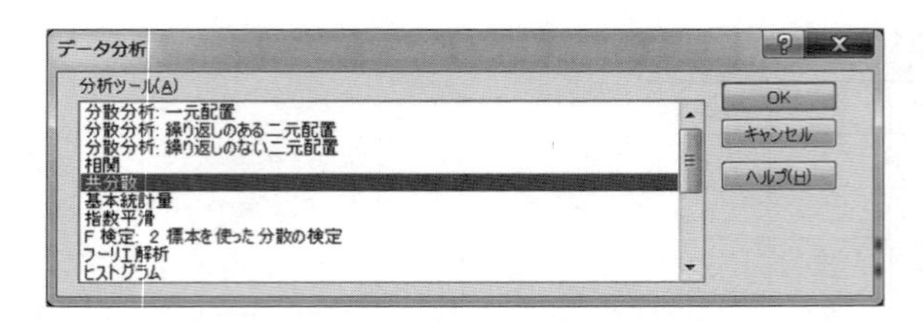

図 4.16　分散共分散を求めるための分析ツール

て結果を表示させたいセルを入力する。このとき，結果として出力される行列のサイズ（今回の例では，2 行 2 列）を踏まえてその範囲を指定する（**図 4.17**）。

図 4.17　分散共分散を求めるための設定

結果として，今回の例の場合は，分散共分散行列は**図 4.18** のように出力される。列 1，列 2 のセルは Excel が自動で出力するものである。

分散共分散行列は，その定義から対称行列†であり，Excel の出力は図 4.18 となる。この場合は，2 行 1 列の要素を 1 行 2 列のセルに手動でコピーする必要がある。結果として**図 4.19** の分散共分散行列を得る。

つぎに，この逆行列を求める。その求め方は，結果を出力させるセルを選択

	列 1	列 2
列 1	2.00	
列 2	1.20	2.60

図 4.18　分散共分散行列の計算結果

	列 1	列 2
列 1	2.00	1.20
列 2	1.20	2.60

図 4.19　分散共分散行列

0.69	−0.32
−0.32	0.53

図 4.20　逆行列の計算結果

† 対角要素の値が等しい行列，すなわち，要素 $a_{ij}=a_{ji}$ である行列である。

した状態で（例えば，この場合は2行2列の行列の逆行列なので，そのサイズと同じ範囲のセルを選択しておく必要がある）「＝MINVERSE（逆行列のサイズに合わせた行と列の範囲)」と入力し，「Ctrl＋Shift＋Enter」とキーを押下することで**図4.20**の結果が得られる。

基本的に，これでマハラノビスの距離の計算に必要となる値は得られたことになる。読者の確認の意味で，入力した関数設定を**図4.21**に示す。これは，[数式］タブ-[数式の表示］をクリックすることで表示できる。「$B$2:$B$11」,「$C$2:$C$11」は分散共分散を求めるデータの範囲を，「E16:F17」は逆行列を求める分散共分散行列の範囲を示している。

分散共分散行列		
	列 1	列 2
列 1	=VARP(距離比較!$B$2:$B$11)	=E17
列 2	1.2	=VARP(距離比較!$C$2:$C$11)
分散共分散行列の逆行列		
=MINVERSE(E16:F17)	=MINVERSE(E16:F17)	
=MINVERSE(E16:F17)	=MINVERSE(E16:F17)	

図4.21　分散共分散行列と逆行列を求めるための関数設定

以上，得られた値に対して式(4.27)を計算すると，サンプルB，Jに対するマハラノビスの距離はそれぞれ

サンプルB：7.45　　サンプルJ：2.34

として得られる。データの分布を可視化したグラフから予想したように，サンプルBのほうが，サンプル群の重心位置から離れていることが確認できる。この意味でもデータを可視化することの重要性がわかるであろう。

なお，ベクトルと行列の積の計算，行ベクトルの列ベクトルへの変換（転置）のためのExcel関数は，それぞれMMULT，TRANSPOSEであり，他の関数と同様に引数にはその計算対象のセル範囲を指定，出力先のセル範囲を選択し，「Ctrl＋Shift＋Enter」とキーを押下することで，結果が得られる。

4.3節の線形判別に用いたものと同じデータを用いて（**表4.13**)，新たな被検査者Xはどちらに属するかをマハラノビスの距離を用いて調べる。

表4.13　検査結果

被検査者	検査結果1	検査結果2	ガンの有無
A	3	2	1
B	4	1	1
C	2	2	1
D	2	3	1
E	4	5	1
F	4	4	2
G	5	8	2
H	3	6	2
I	6	7	2
J	5	4	2
X	5	6	?

1：ガン有
2：ガン無

すべての被検査者のグループ1（ガン有）とグループ2（ガン無）とのマハラノビスの距離を求める。

グループ1（ガン有グループ）の分散共分散行列，その逆行列をそれぞれ求める（**図4.22**）。同様に，グループ2（ガン無グループ）の場合を求める（**図4.23**）。

	列 1	列 2	逆行列	
列 1	0.800	−0.200	1.285	0.140
列 2	−0.200	1.840	0.140	0.559

図4.22　グループ1の分散共分散行列とその逆行列

	列 1	列 2	逆行列	
列 1	1.040	0.200	0.976	−0.076
列 2	0.200	2.560	−0.076	0.397

図4.23　グループ2の分散共分散行列とその逆行列

ガンの有無が不明である被検査者Xの検査結果は，検査結果1，2に対してそれぞれ5，6である。式(4.26)における（$x-\overline{x}\ y-\overline{y}$）は，$x=5$，$y=6$と各グループの被検査者から得られた検査結果1，2の結果の平均値との差から二つのグループに対して，(2.0(=5−3),3.4(=6−2.6))，(0.4(=5−4.6),0.2(=6−5.8)) である。

これらと図4.22，4.23に示した行列からマハラノビスの距離を求めると，グループ1に対しては13.50，グループ2に対しては0.16となり，被検査者Xはグループ2に，すなわち，ガン無と判別されることになる。ちなみに，検査結果1，2がそれぞれ3，2であった被検査者Aのグループ1とグループ2との距離を求めると，それぞれ0.20，7.30であり，グループ1に属する結果となり，実際の結果と一致している。

一方で，検査結果1，2がそれぞれ4，5であり，ガン有と判別された被検査者Eの二つのグループとの距離を求めると，グループ1に対して5.17，グループ2に対して0.53であり，グループ2，すなわちガン無と判別される。このように，判別結果は必ずしも実際を100%反映しているわけではない，要するに間違いなく判別するわけではないことに留意する必要がある。

今回は計算例を示したにすぎず，より正しい判断を得るためには，他の検査データを集めることが必須である，ということは容易に理解できるだろう。実際の判別処理や認識処理においては，他の方法と組み合わせて総合的に判別する方法や，多数決判別が行われている。

ここでは，説明の容易さの観点から，二つの検査結果のデータを用いたマハラノビスの距離の例を示したが，加速度データを用いた動きの判別も当然可能である。この場合は3軸加速度成分から，各成分の最大値，最小値，平均値，分散などが特徴量の要素として考えられる。適切な要素の選択が判別精度を高めるうえで重要であることが理解できるだろう。さらに，その動きの特徴的な要素が得られる（検出できる）加速度センサの所持方法や取付け位置が重要であることも付記しておく。

4章の振り返り

（1）　データの分類や判別が必要となる理由を考えよ。

（2）　類似度，線形判別法，k-NN法，マハラノビスの距離による各判別手法の基本的考え方を説明せよ。

（3）　二つのベクトルの類似度と，そのベクトル要素から求められる相関係数が一致することを具体的な数値例を用いて確かめよ。

（4）ユークリッド距離とマハラノビスの距離の違いを具体的な例を用いて説明せよ。

（5）ある制約条件のもとに，目的関数の値を最小化，または最大化する具体的な例を調べて，Excelのソルバー機能を用いてその解を求めよ。

5

フーリエ解析

前章までのデータは，基本的に時間情報を考慮せずにデータを扱ってきた。現実の世界では，気温などの気象データはもとより，加速度や音声信号など時間変化のある連続的なアナログ信号がほとんどである。これらの信号を一定の時間間隔で取得し[†1]，ディジタルデータに変換[†2]する。この処理によって，アナログ回路では実現できなかった計算機や，マイコン上での多様なソフトウェア処理[†3]が可能となるとともに，装置の小型化や低消費電力につながっている。本章では，時間とともに変化する物理量を扱う信号処理の代表的な手法であるフーリエ解析について述べる。具体的には，ベースとなる考え方である連続系の周期信号に対するフーリエ級数，非周期信号に拡張したフーリエ変換を説明した後，ディジタル処理のための離散化した離散フーリエ変換とその処理を計算機で実行する高速フーリエ変換（FFT[†4]）について説明する。

5.1　時間領域と周波数領域

信号処理では，時間領域の波形（横軸が時間）を周波数領域（横軸が周波数）に変換したものを扱う場合も多い。両者は表現方法，要するに時間軸での表現（時間領域）と周波数軸での表現（周波数領域）が異なるだけで，同じ信号を表している。その信号に対する処理として，時間領域での処理，周波数領

---

† 1　信号を取得することをサンプリング（標本化）という。その間隔をサンプリング周期といい，その逆数をサンプリング周波数という。単位は，それぞれ s（秒）と Hz（ヘルツ）である。サンプリング周波数は，「1 秒間に何回サンプリングを行うか」を示すものである。

† 2　A（Analog）/D（Digital）変換という。

† 3　ディジタル信号処理と呼ばれ，一つの技術領域を形成している。

† 4　Fast Fourier Transformation の略である。

域での処理を選択することになる。

例えば，1 Hz の正弦波信号の時間領域での波形とその周波数領域での形は**図 5.1** となる。時間領域での表現は，時間の推移による振幅の変化を把握するのに都合がよい。横軸が時間であり，例えば音が鳴っている限り，波形はつねに変化することになる。一方，周波数領域での表現では，信号の持つ周波数成分が一目瞭然である。また，信号成分の変化がない限り，時間変化に依存せずに周波数領域での波形の変化はない。ちなみに，直流成分は時間変化がないので，周波数領域上では 0 Hz となる。

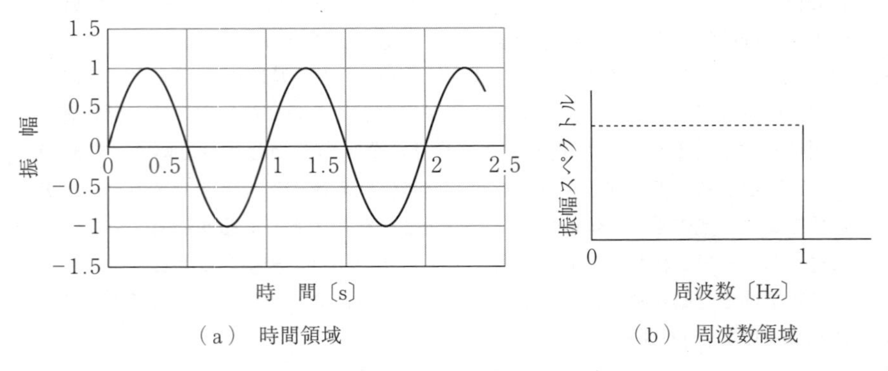

図 5.1　時間領域と周波数領域での表現

この時間領域から周波数領域への変換をフーリエ変換で行い，その逆，すなわち周波数領域から時間領域への変換を逆フーリエ変換で行う。

5.2　周期信号と正弦波信号

周期信号を表現する周期関数は，代数方程式では表現することができない。この問題に対して，フーリエ[†1]は数学的な厳密性を欠いていたものの[†2]，有限

---

† 1　フーリエ（1768-1830）は，ナポレオンの時代に活躍したフランスの数学者・物理学者である。

† 2　当時の数学は極限の取扱いが不十分であり，フーリエの主張の真偽を判定できなかった。19 世紀の解析学の厳密化により，実数，関数，収束，積分などの概念が見直され，その正当性が示された。

区間で定義されるどのような関数も正弦関数または余弦関数，あるいはそれらの和からなる無限級数として展開できることを示した。この無限級数での表現をフーリエ級数展開といい，この展開によって，信号成分として各正弦波がどの程度その信号に含まれるかが明らかになる。

同じ波形が繰り返し現れる波形の時間幅をその信号の周期（単位は s）という。周期信号を $x(t)$ とすると，以下の関係式が成り立つ。

$$x(t)=x(t+T) \tag{5.1}$$

ここで，T は正の実数であり，周期である。式 (5.1) の意味は，時間 T をずらした信号とずらす前の信号が同じことを意味している。周期信号の代表的なものに，正弦波で表現される正弦波信号，余弦波で表される余弦波信号があり，それぞれ以下の式で記述できる。

$$x(t)=A\sin\left(\frac{2\pi}{T}t+\phi\right) \tag{5.2}$$

$$x(t)=A\cos\left(\frac{2\pi}{T}t+\phi\right) \tag{5.3}$$

ここで，A：振幅，ϕ：位相である。正弦波信号と余弦波信号の波形は同じで，位相が $\pi/2$ だけ異なっている。つまり，式 (5.4) が成り立つ。

$$\cos\left(\frac{2\pi}{T}t+\phi\right)=\sin\left(\frac{2\pi}{T}t+\phi+\frac{\pi}{2}\right) \tag{5.4}$$

したがって，これらの信号を区別することなく正弦波信号と呼ぶ場合もある。周期 T の逆数，すなわち，$1/T$ を周波数と呼び f で表す。その単位は Hz であり，物理的には単位時間（1 s）において，同じ波形が繰り返される回数を示している。また，周波数を 2π 倍したものを角周波数と呼び，ω で表す（$\omega=2\pi f$）。これは 1 s での位相の角度変化量を示すものであり，rad/s が単位である。周波数 f，角周波数 ω を用いると，正弦波信号は以下の式で記述される。

$$x(t)=A\sin(2\pi ft+\phi) \tag{5.5}$$

$$x(t)=A\sin(\omega t+\phi) \tag{5.6}$$

式から明らかなように，周波数，角周波数が大きい信号ほど，周期が短く，変化の激しい波形である。

計算例：正弦波における各物理量

$x(t)=5\sin(10t-1)$ で表される正弦波について，振幅 A，角周波数 ω，周期 T，周波数 f，位相角 ϕ を求める。また，正弦波 $y(t)=5\sin(10t)$ との位相差，時間差を求める。正弦波の式に形を合わせることにより，以下を得る。

$$A=5,\quad \omega=10〔\mathrm{rad/s}〕,\quad T=\frac{2\pi}{\omega}=\frac{\pi}{5}〔\mathrm{s}〕,\quad f=\frac{1}{T}=\frac{5}{\pi}〔\mathrm{Hz}〕,\quad \phi=-1〔\mathrm{rad}〕$$

位相角が 0 rad の正弦波 $y(t)$ を基準とすると，$x(t)$ の位相角はマイナスなので，「$x(t)$ は $y(t)$ より位相が 1 rad 遅れている」と表現する。逆に「$y(t)$ は $x(t)$ より位相が 1 rad 進んでいる」とも表現できる。また，$x(t)=5\sin(10t-1)=5\sin(10(t-0.1))$ と変形することにより，位相の差 1 rad が 0.1 s の時間差に相当することがわかる。定義からも角周波数×時間差＝位相の差は明らかであり，位相差は，10〔rad/s〕×0.1〔s〕＝1〔rad〕として求められる。

5.3 フーリエ級数

角周波数が異なる正弦波の足し合わせをフーリエ級数という。このフーリエ級数によって（にわかには信じがたいが）矩形波[†1]，のこぎり波[†2]などを含め，任意の周期信号をつくることができる。つまり，周期信号は正弦波の足し算で表すことができる。周期信号 $x(t)$ に対して以下の式が成り立つ。

$$x(t)=c_0+\sum_{n=1}^{\infty}a_n\cos n\omega_0 t+\sum_{n=1}^{\infty}b_n\sin n\omega_0 t \tag{5.7}$$

この式の右辺の表現をフーリエ級数と呼び，周期信号をフーリエ級数で表現することを周期信号のフーリエ級数展開という。式 (5.7) は，任意の周期信号

---

†1 “くけいは” と読む。矩形（正方形，長方形）の波形の繰返しの信号。
†2 三角形の波形の繰返しの信号。

が定数 c_0，基本周波数成分 ω_0 とその高調波†成分 $n\omega_0$ によって表すことができることを示している。ここで，c_0，a_n，b_n はフーリエ係数であり，c_0 は振幅が c_0 の直流信号（周期がない一定値であることから明らか）を，a_n，b_n は，それぞれ各周波数が $n\omega_0$ の正弦波信号と余弦波信号の振幅を示している。したがって，その級数をつくっている振幅の大きな正弦波が，その信号の主要成分ということになる。また，ω_0 は $2\pi/T$ であり，基本周波数と呼ばれる周期関数を構成している周波数成分の最も低いものである。

ここで，フーリエ係数は以下の式で与えられる。これらの式の導出方法は本書では割愛する。

$$c_0=\frac{1}{T}\int_{-\frac{T}{2}}^{\frac{T}{2}}x(t)dt \tag{5.8}$$

$$a_n=\frac{2}{T}\int_{-\frac{T}{2}}^{\frac{T}{2}}x(t)\cos n\omega_0 t\ dt \tag{5.9}$$

$$b_n=\frac{2}{T}\int_{-\frac{T}{2}}^{\frac{T}{2}}x(t)\sin n\omega_0 t\ dt \tag{5.10}$$

なお，積分区間は1周期，すなわち T の区間であれば，どの範囲でも結果が変わらないことは周期信号の性質から明らかであるが，実際は計算の簡単化が図れるので，$-T/2$ から $T/2$ の範囲がとられるのが通常である。

また，これらのフーリエ級数は，周期信号の性質，すなわち偶関数（$x(-t)=x(t)$ が成り立つ場合），奇関数（$x(-t)=-x(t)$ が成り立つ場合）の性質を用いることによって，以下の式のようにより簡単に計算できる。ここで，関数の性質から積分区間を1/2として，その結果を2倍していることに注意されたい。ちなみに，余弦波は偶関数，$\cos(-t)=\cos(t)$，正弦波は奇関数 $\sin(-t)=-\sin(t)$ である。偶関数の場合は以下のようになる。

$$c_0=2\times\frac{1}{T}\int_{0}^{\frac{T}{2}}x(t)dt \tag{5.11}$$

† 基本周波数の整数倍の周波数を持つ信号のこと。

$$a_n = 2\times\frac{2}{T}\int_0^{\frac{T}{2}} x(t)\cos n\omega_0 t\,dt \tag{5.12}$$

$$b_n = 0 \tag{5.13}$$

奇関数の場合は以下のようになる。

$$c_0 = a_n = 0 \tag{5.14}$$

$$b_n = 2\times\frac{2}{T}\int_0^{\frac{T}{2}} x(t)\sin n\omega_0 t\,dt \tag{5.15}$$

―― **計算例：矩形波のフーリエ級数展開** ――

フーリエ級数展開の例として矩形波がよく取り上げられる。ここでは，**図 5.2** に示す矩形波のフーリエ級数展開を求めてみる。グラフから奇関数であるので，式 (5.14) と (5.15) から，フーリエ係数 a_n は次式で与えられる。

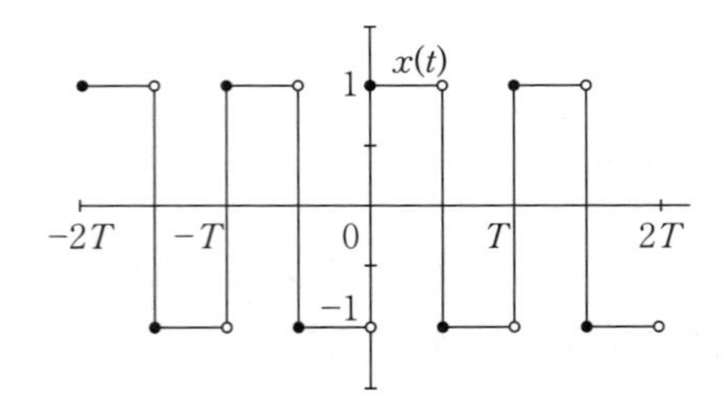

図 5.2　矩形波の波形

$$c_0 = a_n = 0 \tag{5.16}$$

b_n は以下のように導出できる。

$$b_n = \frac{4}{T}\int_0^{\frac{T}{2}} \sin n\omega_0 t\,dt = \frac{4}{T}\left[-\frac{1}{\omega_0}\cdot\frac{1}{n}\cos\left(n\omega_0 t\right)\right]_0^{\frac{T}{2}}$$

ここで，$\cos n\pi = (-1)^n$ と書けるから次式となる。

$$b_n = \frac{2}{n\pi}\left(1-(-1)^n\right) \tag{5.17}$$

なお，$\omega_0 = 2\pi/T$ を用いている。$n=5$，$n=15$ までをとったグラフは**図 5.3** である。このことからも明らかなように，矩形波のような角ばった波形や不連

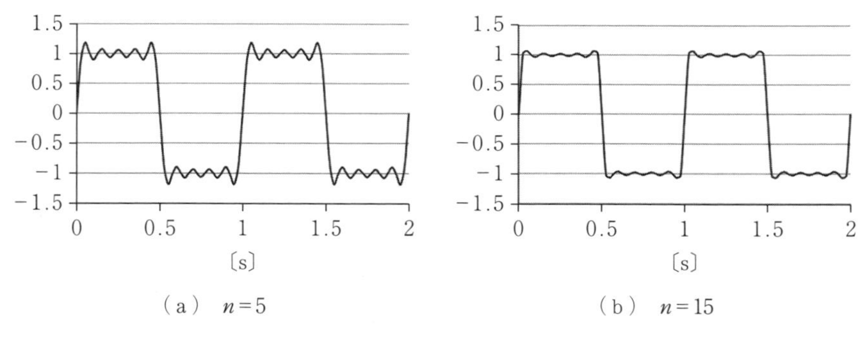

（a）　$n=5$　　　（b）　$n=15$

図 5.3　フーリエ級数展開による矩形波の近似

続な波形であっても，正弦波の加算で表現できることが確認できる。また，次数を増やすほど，正確に波形を再現できることがわかる。

5.4 複　素　表　現

角度 θ に対して，以下のオイラーの公式と呼ばれるものがある。

$$e^{j\theta}=\cos\theta+j\sin\theta \tag{5.18}$$

ここで，e は自然対数の底（ネイピア数），j は虚数単位である。数学では i で表されることが多いが，工学系では電流も i で表すことから，明確に区別するために j が用いられることが多い。

この式を角周波数 ω を用いて表現すると次式となる。

$$e^{j\omega t}=\cos\omega t+j\sin\omega t \tag{5.19}$$

この信号を複素正弦波信号と呼ぶ。その周期 T は $2\pi/\omega$ の周期信号（$T=2\pi/\omega$）である。これは次式のように，$x(t+T)$ を求めると明らかである。

$$x(t+T)=e^{j\omega(t+T)}=e^{j\omega t}\times e^{j\omega T}=e^{j\omega t}\times e^{j\omega\frac{2\pi}{\omega}}=e^{j\omega t}\times 1=x(t) \tag{5.20}$$

5.5　複素フーリエ級数

正弦波の代わりに複素正弦波を使ったフーリエ級数である複素フーリエ級数を用いると乗積演算が容易になる。これは，$e^{j\theta}$ の乗積演算が指数関数の定理から，指数部分の単純な加算演算になることからも理解できるであろう。したがって，複素フーリエ級数が使われる場合も多い。

前述した周期 T の周期信号 $x(t)$ のフーリエ級数展開の式 (5.7) を再掲する。

$$x(t)=c_0+\sum_{n=1}^{\infty}a_n\cos n\omega_0 t+\sum_{n=1}^{\infty}b_n\sin n\omega_0 t \tag{5.21}$$

式 (5.21) の右辺に対して，オイラーの公式から得られる次式

$$\cos n\omega_0 t=\frac{e^{jn\omega_0 t}+e^{-jn\omega_0 t}}{2} \tag{5.22}$$

$$\sin n\omega_0 t=\frac{e^{jn\omega_0 t}-e^{-jn\omega_0 t}}{2j} \tag{5.23}$$

を代入すると

$$x(t)=c_0+\sum_{n=1}^{\infty}\frac{1}{2}\left(a_n-jb_n\right)e^{jn\omega_0 t}+\sum_{n=1}^{\infty}\frac{1}{2}\left(a_n+jb_n\right)e^{-jn\omega_0 t} \tag{5.24}$$

を得ることができる。ここで，$n=1,\ 2,\ 3,\ \cdots$に対して

$$c_n=\frac{1}{2}\left(a_n-jb_n\right) \tag{5.25}$$

$$c_{-n}=\frac{1}{2}\left(a_n+jb_n\right) \tag{5.26}$$

と定義した新たな係数を導入すると，式 (5.24) は次式となる。

$$\begin{aligned}x(t)&=c_0+\sum_{n=1}^{\infty}c_n e^{jn\omega_0 t}+\sum_{n=1}^{\infty}c_{-n}e^{-jn\omega_0 t}\\&=c_0e^{j\cdot 0\omega_0 t}+\sum_{n=1}^{\infty}c_n e^{jn\omega_0 t}+\sum_{n=-\infty}^{-1}c_n e^{jn\omega_0 t}\\&=\sum_{n=-\infty}^{\infty}c_n e^{jn\omega_0 t}\end{aligned} \tag{5.27}$$

式 (5.27) の右辺を複素フーリエ級数，係数を複素フーリエ係数と呼ぶ。ここで，複素フーリエ係数は，次式で与えられる。

$$c_n = \frac{1}{T}\int_{-\frac{T}{2}}^{\frac{T}{2}} x(t) e^{-jn\omega_0 t} dt \tag{5.28}$$

複素正弦波信号を導入することによって，フーリエ級数の式が簡単になることが確認できる。ただし，複素フーリエ係数 c_n が複素数になると，n が $-\infty$ から ∞ までの整数になることがフーリエ級数と異なる。

このように，複素フーリエ係数の c_n は複素数となるが，その意味について考える。正弦波は，振幅と位相で表現される。c_n の実部と虚部を $\mathrm{Re}(c_n)$，$\mathrm{Im}(c_n)$ と表すと（Re は実部 Real，Im は虚部 Imaginary の略である），c_n の絶対値と偏角 $\mathrm{Arg}(c_n)$ は

$$|c_n| = \sqrt{\mathrm{Re}(c_n)^2 + \mathrm{Im}(c_n)^2} \tag{5.29}$$

$$\mathrm{Arg}(c_n) = \tan^{-1}\left(\frac{\mathrm{Im}(c_n)}{\mathrm{Re}(c_n)}\right) \tag{5.30}$$

から求められる。これらを用いて，c_n を表すと

$$c_n = |c_n| e^{j\mathrm{Arg}(c_n)} \tag{5.31}$$

となる。ここで，c_n を振幅スペクトル，$\mathrm{Arg}(c_n)$ を位相スペクトルと呼ぶ。式 (5.27) と式 (5.31) を用いると，周期信号 $x(t)$ の複素フーリエ級数展開は，次式で記述される。

$$x(t) = \sum_{n=-\infty}^{\infty} |c_n| e^{j\left(n\omega_0 t + \mathrm{Arg}(c_n)\right)} \tag{5.32}$$

式 (5.32) は，各複素正弦波信号の振幅と位相を変化させて足し合わせることにより，任意の周期信号を表現できることを示している。複素数に拡張することによって，計算が容易になるというメリットだけではなく，実部と虚部の情報を用いて，信号の振幅と位相を表し，信号を表現できることを示している。

―― 計算例：矩形波の複素フーリエ級数展開 ――

図 5.2 に示した矩形波の複素フーリエ級数を求めてみる。複素フーリエ係数 c_n を式 (5.28) から求めると次式となる。

$$c_n = -\frac{j}{n\pi}\left(1-(-1)^n\right) \tag{5.33}$$

導出過程を以下に示す。

$$\begin{aligned} c_n &= \frac{1}{T}\int_{-\frac{T}{2}}^{\frac{T}{2}} x(t)e^{-jn\omega_0 t}dt \\ &= \frac{1}{T}\int_{-\frac{T}{2}}^{0}(-1)e^{-jn\omega_0 t}dt + \frac{1}{T}\int_{0}^{\frac{T}{2}} e^{-jn\omega_0 t}dt \\ &= \frac{1}{T}\frac{1}{jn\omega_0}\left[e^{-jn\omega_0 t}\right]_{-\frac{T}{2}}^{0} - \frac{1}{T}\frac{1}{jn\omega_0}\left[e^{-jn\omega_0 t}\right]_{0}^{\frac{T}{2}} \\ &= \frac{1}{2jn\pi}\left(1-e^{jn\pi}\right) - \frac{1}{2jn\pi}\left(e^{-jn\pi}-1\right) \\ &= \frac{1}{2jn\pi}\left(1-(-1)^n\right) + \frac{1}{2jn\pi}\left(1-(-1)^n\right) \\ &= -\frac{j}{n\pi}\left(1-(-1)^n\right) \end{aligned} \tag{5.34}$$

ここで $e^{jn\pi}=(-1)^n$ を用いた。また，この計算で使用した指数関数の微分と積分の関係を**図 5.4** に示す。

図 5.4　指数関数の微分と積分の関係

式 (5.33) と式 (5.25) の複素数 c_n の実部 $\mathrm{Re}(c_n)$，虚部 $\mathrm{Im}(c_n)$ を用いると，a_n と b_n は次式となる。つまり，複素フーリエ級数展開とフーリエ級数展開は等価であることが確認できる。

$$a_n = 2\mathrm{Re}(c_n) = 0 \tag{5.35}$$

$$b_n = -2\mathrm{Im}(c_n) = \frac{2}{n\pi}\left(1-(-1)^n\right) \tag{5.36}$$

ここでは，最も単純な矩形波を例にとって説明したが，例えばのこぎり波のような非対称な周期関数であっても，矩形波のときと同様に，複素フーリエ級

数展開を用いた正弦波の足し算によって波形が再現できる。

5.6 フーリエ変換

フーリエ級数の適用範囲は周期関数に限られていたが，この制限を外して適用範囲を拡張したのがフーリエ変換である。任意の周期信号は，フーリエ級数として正弦波の重ね合わせで記述できることを前節で確認した。それでは非周期信号，すなわち周期性を有さない信号に対するフーリエ級数展開はどう考えるのであろうか。この場合は，その周期性を持たない信号が繰り返し出現するという意味で周期性を持つものと考える。すなわち，**図 5.5** に示すように，非周期の単一信号もこの信号が無限大の周期で繰り返し発生すると考えることにより，周期性を持つ信号と解釈できる。

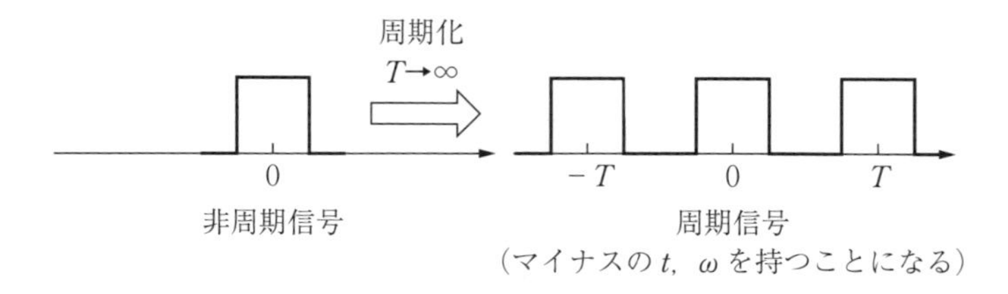

図 5.5 周期信号としての解釈

フーリエ変換はフーリエ級数展開と比べたとき，周期 T を持たない非周期信号に適用可能であること，周波数 f がフーリエ級数のように離散的な値ではなく，連続の値をとることが異なる。これは，フーリエ級数が基本周波数 ω_0 とその高調波成分 $n\omega_0$ からなる離散周波数成分で表されたのに対して，非周期波形では周波数が無限小の基本波成分と，無限に多くの高調波成分から連続的な周波数成分として表されることになるためである。フーリエ変換によって，その信号を構成している各信号の周波数成分がわかることになり，その意味で周波数解析手段として時系列データや画像の解析など広く用いられている。

フーリエ変換は複素フーリエ級数展開から導かれる。それを確認してみる。複素フーリエ級数展開の定義を改めて書く。

$$x(t) = \sum_{n=-\infty}^{\infty} c_n e^{jn\omega_0 t} \tag{5.37}$$

$$c_n = \frac{1}{T}\int_{-\frac{T}{2}}^{\frac{T}{2}} x(t) e^{-jn\omega_0 t} dt \tag{5.38}$$

ただし，$\omega_0 = 2\pi/T$ であり，式 (5.38) を (5.37) に代入すると式 (5.39) が得られる。

$$x(t) = \sum_{n=-\infty}^{\infty} \left[\frac{1}{T}\int_{-\frac{T}{2}}^{\frac{T}{2}} x(t') e^{-jn\omega_0 t'} dt'\right] e^{jn\omega_0 t} \tag{5.39}$$

ここで，$n\omega_0$ は離散的な周波数である。ω_n（$= n\omega_0 = 2\pi n/T$）であるが，ω_n は離散的な周波数の刻み幅となるので，$\Delta\omega/2\pi = 1/T$ として，式 (5.39) に代入すると式 (5.40) が得られる。

$$\begin{aligned} x(t) &= \sum_{n=-\infty}^{\infty} \left[\frac{\Delta\omega}{2\pi}\int_{-\frac{T}{2}}^{\frac{T}{2}} x(t') e^{-jn\omega_0 t'} dt'\right] e^{jn\omega_0 t} \\ &= \sum_{n=-\infty}^{\infty} \left[\int_{-\frac{T}{2}}^{\frac{T}{2}} x(t') e^{-jn\omega_0 t'} dt'\right] e^{jn\omega_0 t} \frac{\Delta\omega}{2\pi} \end{aligned} \tag{5.40}$$

ここで，周期 $T \to \infty$ の極限をとると $\Delta\omega/2\pi$ は無限小となり，$d\omega/2\pi$ と表現できる。その結果，離散的な加算 $\sum \Delta\omega$ は，連続的な積分 $\int d\omega$ に置き換えることができる。また，離散的な角周波数 ω_n も連続的な値をとるようになるため，連続量 ω で置き換えることができ，その結果，式 (5.41) が導かれる。

$$x(t) = \int_{-\infty}^{\infty} \frac{1}{2\pi}\left[\int_{-\infty}^{\infty} x(t') e^{-j\omega t'} dt'\right] e^{j\omega t} d\omega \tag{5.41}$$

そして，[　] の中身を新たにフーリエ変換として $X(\omega)$ とすると，以下の式を得る。

$$X(\omega) = \int_{-\infty}^{\infty} x(t) e^{-j\omega t} dt \tag{5.42}$$

$$x(t) = \frac{1}{2\pi}\int_{-\infty}^{\infty} X(\omega) e^{j\omega t} d\omega \tag{5.43}$$

ここで，式 (5.42) の $X(\omega)$ が $x(t)$ のフーリエ変換，式 (5.43) が逆フーリエ変換である。

フーリエ級数展開では周期 T が決まっていたため，積分区間もそれに準じた区間であるのに対して，フーリエ変換では対象の関数の周期が無限大という前提があり，積分区間も無限大の区間となる。また，フーリエ級数展開では，各周波数が離散的に変化した正弦波信号の足し合わせで周期信号を表現するのに対して，フーリエ変換では，角周波数が連続的に変化する正弦波信号の足し合わせ，すなわち，正弦波信号の積分で表現される。これは前者は周期信号，後者は非周期信号を前提としていることから納得できるであろう。

—— 計算例：三角関数のフーリエ変換 ——

三角関数 $x(t) = \cos \omega_0 t$ のフーリエ変換を行う。オイラーの公式 (5.18) から

$$x(t) = \frac{1}{2}\left(e^{j\omega_0 t} + e^{-j\omega_0 t}\right) \tag{5.44}$$

と書き直せる。フーリエ変換の式 (5.42) を用いて

$$\begin{aligned} X(\omega) &= \int_{-\infty}^{\infty} \frac{1}{2}\left(e^{j\omega_0 t} + e^{-j\omega_0 t}\right) e^{-j\omega t} dt \\ &= \frac{1}{2}\int_{-\infty}^{\infty} e^{j(\omega_0 - \omega)t} dt + \frac{1}{2}\int_{-\infty}^{\infty} e^{-j(\omega_0 + \omega)t} dt \end{aligned} \tag{5.45}$$

を得る。ここで，次式で定義されるデルタ関数

$$\delta\left(\omega_0 - \omega\right) = \int_{-\infty}^{\infty} e^{-j(\omega_0 - \omega)t} dt \tag{5.46}$$

を用いると式 (5.45) は次式となる。

$$X(\omega) = \frac{1}{2}\left(\delta\left(\omega_0 - \omega\right) + \delta\left(\omega_0 + \omega\right)\right) \tag{5.47}$$

$x(t) = \cos \omega_0 t$ のフーリエ変換は，$\omega = \pm\omega_0$ にデルタ関数の鋭いピークを持つ関数となる。物理的には負の周波数はありえないので，この正弦波の周波数成分は，式 (5.47) から明らかに ω_0 であり，周波数領域で表現すると**図 5.6** のようになる。数学的には，デルタ関数の性質から ω_0 で無限大となるが，現実の問題では有限の値となる。なお，フーリエ変換が実部しかないのは，$x(t)$ が偶

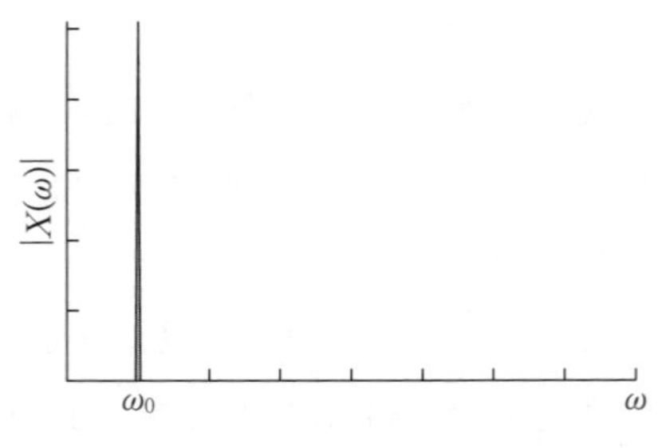

図 5.6　$\cos\omega_0 t$ の振幅スペクトル

関数であるためである。

なお，$x(t)=\sin\omega_0 t$ に対しても同様に

$$x(t)=\frac{1}{2j}\left(e^{j\omega_0 t}-e^{-j\omega_0 t}\right)=-\frac{j}{2}\left(e^{j\omega_0 t}-e^{-j\omega_0 t}\right) \tag{5.48}$$

であるから，式 (5.49) となる。

$$X(\omega)=-\frac{j}{2}\Big(\delta\big(\omega_0-\omega\big)-\delta\big(\omega_0+\omega\big)\Big) \tag{5.49}$$

計算例：矩形波のフーリエ変換

変換する対象の矩形波は図 5.2 と同じである。この関数のフーリエ級数展開は 5.3 節で示したように，式 (5.50) で与えられる。

$$x(t)=\sum_{n=1}^{\infty}\frac{2}{n\pi}\left[1-(-1)^n\right]\sin\left(n\omega_0 t\right) \tag{5.50}$$

これは，n が奇数のときのみに値を持つので，展開すると

$$x(t)=\frac{4}{\pi}\sin\left(\omega_0 t\right)+\frac{4}{3\pi}\sin\left(3\omega_0 t\right)+\frac{4}{5\pi}\sin\left(5\omega_0 t\right)+\cdots \tag{5.51}$$

となり，そのフーリエ変換は

$$X(\omega)=-\frac{j}{2}\left(\frac{4}{\pi}\Big(\delta\big(\omega_0-\omega\big)-\delta\big(\omega_0+\omega\big)\Big)+\frac{4}{3\pi}\Big(\delta\big(\omega_0-3\omega\big)-\delta\big(\omega_0+3\omega\big)+\cdots\Big)\right) \tag{5.52}$$

となり，矩形波は離散的な周波数成分から構成される信号であることが確認で

きる。高次の周波数になるにつれて（要するに ω_0，$3\omega_0$，$5\omega_0$，…）振幅が小さくなり，その周波数成分の持つエネルギーが小さくなっていくことを示している。これは，各周波数における係数が小さくなっていることから明らかである。**図 5.7** に示すそのフーリエ変換の振幅スペクトルもこのことを示している。また，矩形波の持つ周波数成分の箇所にエネルギーを有する信号になっていることも確認できる。

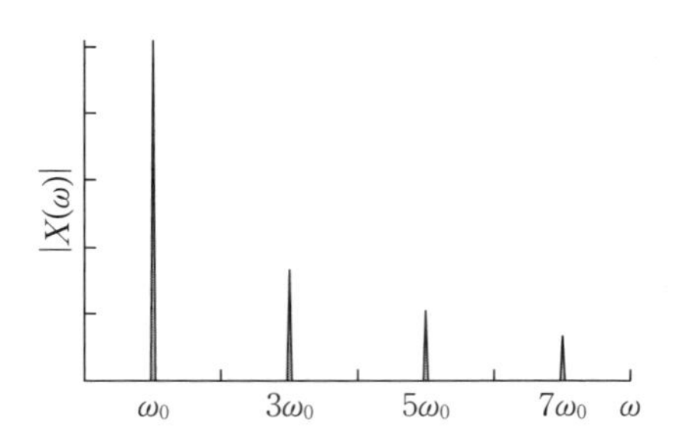

図 5.7　矩形波のフーリエ変換の振幅スペクトル

5.7　離散時間フーリエ変換

現在のセンサの出力は基本的にサンプリングされたディジタルデータとしてコンピュータ内で処理される場合がほとんどである。コンピュータ上で行う数値計算ではデータ数を無限にすることはできず，有限個になる（サンプリング間隔 T も無限小にはできない）。この意味で，フーリエ変換も連続関数ではありえず，離散データに対するものになる。つまり，コンピュータや現実のサンプリングされたデータを用いてフーリエ変換することは，離散フーリエ変換を適用することになる。本節では，離散フーリエ変換の式に至る前に，サンプリングされた離散信号からもとの連続信号のスペクトルが求められることを示しておく。

連続時間信号 $x_a(t)$ をサンプリングした信号 $x_s(t)$ は，次式で記述される。

$$x_s(t)=\sum_{n=-\infty}^{\infty} x_a(nT)\delta(t-nT) \tag{5.53}$$

ここで，$\delta(n)$ は単位インパルス信号であり，その振幅は無限大ではなく1である。

$$\delta(n)=\begin{cases} 1 & (n=0) \\ 0 & (n\neq 0) \end{cases} \tag{5.54}$$

$\delta(t-nT)$ は，$t=nT$ のときに値1を持つので，式(5.53)は T を十分小さくすることで連続信号となり，左辺＝右辺となることは直感的に理解できるであろう。ここで，連続信号 $x_a(t)$ をある時間間隔 T でサンプリングした値 $x_a(nT)$ を取り出してできる数列を

$$x(n)=x_a(nT) \tag{5.55}$$

として定義したものを離散信号と呼ぶ。離散信号は，整数 n に対する値 $x(n)$ による数列である。このサンプリング信号 $x(n)$ のフーリエ変換は，以下のように計算できる。

$$\begin{aligned} X_s(\omega) &= \int_{-\infty}^{\infty}\sum_{n=-\infty}^{\infty} x_a(nT)\delta(t-nT)e^{-j\omega t}dt \\ &= \sum_{n=-\infty}^{\infty} x_a(nT)\int_{-\infty}^{\infty}\delta(t-nT)e^{-j\omega t}dt \\ &= \sum_{n=-\infty}^{\infty} x_a(nT)e^{-j\omega nT} = \sum_{n=-\infty}^{\infty} x(n)e^{-j\omega nT} \end{aligned} \tag{5.56}$$

右辺2行目から3行目は，デルタ関数の性質により $t=nT$ のとき1，その他の場合は0であることによる。この式は，サンプリングされた数列 $x(n)$ から $X_s(\omega)$ が求められること，つまり，離散時間信号からでも，もとの連続時間信号のスペクトルを求めることができることを意味している。

ここで $\Omega=\omega T$ とおくと，式(5.56)の右辺の $e^{-j\omega nT}$ は $e^{-j\Omega n}$ となる。右辺で計算されるスペクトルは Ω の関数となるので，改めて $\Omega=\omega T$ として左辺を $X(\Omega)$ として定義すれば，式(5.57)（離散時間フーリエ変換）を得る。

$$X(\Omega)=\sum_{n=-\infty}^{\infty} x(n)e^{-j\Omega n} \tag{5.57}$$

また，逆離散時間フーリエ変換の式は式 (5.58) として与えられる。

$$x(n)=\frac{1}{2\pi}\int_{-\pi}^{\pi}X(\Omega)e^{j\Omega n}d\Omega \tag{5.58}$$

ここで，式 (5.58) に (5.57) を代入して計算してみると

$$\begin{aligned}x(n)&=\frac{1}{2\pi}\int_{-\pi}^{\pi}X(\Omega)e^{j\Omega n}d\Omega\\&=\frac{1}{2\pi}\int_{-\pi}^{\pi}\sum_{k=-\infty}^{\infty}x(k)e^{-j\Omega k}e^{j\Omega n}d\Omega=\frac{1}{2\pi}\sum_{k=-\infty}^{\infty}x(k)\int_{-\pi}^{\pi}e^{-j\Omega(k-n)}d\Omega\\&=\frac{1}{2\pi}x(n)\cdot 2\pi=x(n)\end{aligned} \tag{5.59}$$

（$\because$[†] $e^{-j\Omega(k-n)}$ の積分は $k=n$ のときのみ 2π，他のときは 0 となる）

となり，確かに逆変換になっていることが確認できる。離散時間フーリエ変換によって，サンプリングされた離散時間信号 $x(n)$ から連続量であるスペクトル $X(\Omega)$ を，また，逆離散時間フーリエ変換によって，$X(\Omega)$ から $x(n)$ を求めることができることがわかる。

5.8 離散フーリエ変換

計算機で求めることができるのは，サンプリングされたフーリエ変換である。そのためには，式 (5.42) から明らかなように，過去から未来の無限にわたる $x(n)$ の値を知る必要がある。式 (5.56) も過去のサンプリング値が必要であることを示している。しかし現実に計算機でこの変換を計算する場合には，時間間隔として離散的，かつ，時間として正の有限な数が与えられるのみである。

信号 $x(n)$ を ΔT の時間間隔でサンプリングして N 個の成分 $\boldsymbol{x}(n)$，すなわち，$x(0), x(1), \cdots, x(N-1)$ によって表すものとする。$x(t)$ は $0 \leqq t \leqq (N-1)\Delta T$ で定義されていて，その他の区間は 0 とみなす。この条件を踏まえ，下記の説明を展開する。

---

† なぜならば，という意味で使用される学術記号である。ちなみに，∴はゆえに，したがって，という意味である。

$x(t)$ が $0 \leqq n \leqq N-1$ の範囲の N 点の離散信号であるとし，1 周期 2π が N 等分されるように（サンプリング間隔を $2\pi/N$），$\Omega=2\pi k/N$ としてサンプリングすると式 (5.57) は式 (5.60) として記述できる。

$$X\left(\frac{2\pi k}{N}\right)=\sum_{n=0}^{N-1} x(n)e^{-\frac{j2\pi kn}{N}} \tag{5.60}$$

また，サンプリング値を式 (5.61) と記述すると，式 (5.62) と書ける。n は信号 $x(t)$ の離散点を示すもの，k は 1 周期の中で N 等分された間隔の中での位置を示すパラメータであり，0，1，2，…，$N-1$ の整数である。

$$X(k)=X\left(\frac{2\pi k}{N}\right) \tag{5.61}$$

$$X(k)=\sum_{n=0}^{N-1} x(n)e^{-\frac{j2\pi kn}{N}} \tag{5.62}$$

この変換を離散フーリエ変換と定義する。前述したが，$k=0$，1，2，…，$N-1$ であり，$X(k)$ は N の周期を持つ。離散データ系列である $x(n)$ のフーリエ変換は，やはり離散的な系列 $X(k)$ となる。

一方，逆フーリエ変換は，次式で定義される。

$$x(n)=\frac{1}{N}\sum_{k=0}^{N-1} X(k)e^{\frac{j2\pi kn}{N}} \tag{5.63}$$

実際，この逆フーリエ変換の式を離散フーリエ変換の式に代入して計算すると，もとの離散時間信号 $x(n)$ が得られることは，以下のように確認できる。

$$\begin{aligned}
&\frac{1}{N}\sum_{k=0}^{N-1} X(k)e^{\frac{j2\pi kn}{N}} \\
&=\frac{1}{N}\sum_{k=0}^{N-1}\sum_{m=0}^{N-1} x(m)e^{-\frac{j2\pi km}{N}}e^{\frac{j2\pi kn}{N}} \\
&=\frac{1}{N}\sum_{k=0}^{N-1}\sum_{m=0}^{N-1} x(m)e^{-\frac{j2\pi k(m-n)}{N}} \\
&=\frac{1}{N}\sum_{m=0}^{N-1} x(m)\left(\sum_{k=0}^{N-1} e^{-\frac{j2\pi k(m-n)}{N}}\right)
\end{aligned} \tag{5.64}$$

$m=n$ のとき，右辺の（ ）の中は次式となる。

$$\sum_{k=0}^{N-1} e^{-\frac{j2\pi k(m-n)}{N}} = \sum_{k=0}^{N-1} e^{0} = N \tag{5.65}$$

$m \neq n$ のとき，等比数列の和の公式

$$\sum_{i=0}^{N-1} e^{i} = \frac{1-e^{N}}{1-e} \tag{5.66}$$

を用いると

$$\sum_{k=0}^{N-1} e^{-\frac{j2\pi k(m-n)}{N}} = \frac{1-e^{-j2\pi(m-n)}}{1-e} = \frac{1-1}{1-e} = 0 \tag{5.67}$$

であり，式 (5.68)（もとの離散時間信号 $x(n)$）が得られることが確認できる。

$$\frac{1}{N}\sum_{k=0}^{N-1} X(k) e^{\frac{j2\pi kn}{N}} = \frac{1}{N} x(n) \cdot N = x(n) \tag{5.68}$$

逆フーリエ変換の式に離散フーリエ変換を代入すると，もとの離散信号が得られる。

離散フーリエ変換，逆離散フーリエ変換は周波数および時間領域において離散値データであり，それぞれの変換領域で変換前の信号にかかわらず周期関数となる。これはデータを有限の個数に制限しているためである。$x(n)$ は N 個のサンプル値からなっているが，$x(n) = x(n+rN)$，（$r = \cdots, -1, 0, 1, \cdots$）が成立する。したがって，$N$ を十分大きくとらない場合は，エイリアス効果と呼ばれる変換結果のオーバラップ（スペクトル成分の繰返し出現）が必ず生じ，変換領域での誤差が大きくなることに留意する必要がある。

このエイリアスを低減し，また周波数分解能を高めるためには，N を大きくとる必要があるが，N の増大により計算機の演算時間が問題となる。この演算時間の増大を抑制する手法が，次節で述べる高速フーリエ変換と呼ばれるものである。

—— 計算例：$x[n] = (1, 1, 1, 1)$ の離散フーリエ変換 ——

式 (5.62) の定義式に当てはめる。いま，$N = 4$，$x(0) = x(1) = x(2) = x(3) = 1$ だから

$$X(k)=\sum_{n=0}^{N-1} e^{-\frac{j2\pi kn}{4}}=e^{0}+e^{-j\frac{\pi}{2}k}+e^{-j\pi k}+e^{-j\pi\frac{3}{2}k} \tag{5.69}$$

から求められる。

$$X(0)=e^{0}+e^{0}+e^{0}+e^{0}=4$$

$$X(1)=e^{0}+e^{-j\frac{\pi}{2}}+e^{-j\pi}+e^{-j\frac{3}{2}\pi}=1-j-1+j=0$$

$$X(2)=e^{0}+e^{-j\pi}+e^{-j2\pi}+e^{-j3\pi}=1-1+1-1=0$$

$$X(3)=e^{0}+e^{-j\frac{3}{2}\pi}+e^{-j3\pi}+e^{-j\frac{9}{2}\pi}=1+j-1-j=0$$

したがって，$X(k)=(4, 0, 0, 0)$ となり，ある横軸の1点（$k=0$）でのみ値を持つ。これは，もともとの信号が直流成分のみであることを意味している。

計算例：周期関数（cos）の離散フーリエ変換

$x(n)=\cos(3\pi n/4)$（$n=0, 1, 2, \cdots, 7$）の離散フーリエ変換を求める。前述と同様に，式 (5.62) の定義式に当てはめる。$N=8$ であるから $\Delta\omega=2\pi/8$ とおく。与えられた $x(n)$ から

$$x(n)=\cos(3\Delta\omega n) \qquad (n=0, 1, 2, \cdots, 7)$$

の離散フーリエ変換は

$$\begin{aligned}
X(k)&=\sum_{n=0}^{7}\cos(3\Delta\omega n)e^{-j\Delta\omega kn}\\
&=\frac{1}{2}\sum_{n=0}^{7}\left(e^{j3\Delta\omega n}+e^{-j3\Delta\omega n}\right)e^{-j\Delta\omega kn}\\
&=\frac{1}{2}\sum_{n=0}^{7}\left(e^{j(3-k)\Delta\omega n}+e^{-j(3+k)\Delta\omega n}\right)\\
&=\frac{1}{2}\cdot\begin{cases}16 & (k=3)\\ 0 & (k\neq 3)\end{cases}\\
&=\begin{cases}8 & (k=3)\\ 0 & (k\neq 3)\end{cases}
\end{aligned} \tag{5.70}$$

となる。したがって，以下を得る。

$$X(k) = (0, 0, 0, 8, 0, 0, 0, 0) \tag{5.71}$$

5.9 高速フーリエ変換

離散フーリエ変換を効率よく，高速に計算するアルゴリズムが高速フーリエ変換（FFT：Fast Fourier Transformation）と呼ばれるものである。離散フーリエ変換を定義に沿ってプログラム化すると計算回数は N^2 のオーダとなるのに対して，FFT では，$N\log_2 N$ のオーダで計算することができる。ここで，N はポイント数とも呼ばれるデータ点数（サンプリング点数）であり，2 のべき乗，すなわち $N=2^n$（n：整数），すなわち，512，1 024，…などがとられる。N が大きくなるほど計算に要する時間は大きくなるのに対して，FFT ではその増加が抑えられる。$N=1\,024$ の場合は，約 105 万回の演算に対して FFT では約 1 万回に減らすことができる。N が大きくなるほど，その効果が顕著になる。このことや演算処理部の小型化，低消費電力化によって適用領域を拡大し，多くのシステムで使われている†。FFT のアルゴリズムやプログラムは多くの書籍で述べられているので，ここでは割愛し，具体的な適用例を示す。

5.9.1 Excel での FFT の利用

Excel のアドイン機能である「分析ツール」から FFT を利用することが可能である。FFT を利用するために，付録 C で述べるように，事前に分析ツールの利用を可能とする設定をしておく。［データ］タブ-［データ分析］-［フーリエ解析］を選択することで，FFT 解析を行うことができる。

† 第 4 世代の移動体通信（LTE），無線 LAN，地上デジタル放送で用いられている OFDM（Orthogonal Frequency Division Multiplexing：直交周波数分割多重）方式は，この FFT 処理がベースになっている。

5.9.2　合成波への FFT の適用

まずは，使用方法の確認の意味も含め，結果がわかっているデータを与えて FFT 解析を実行してみる。ここでは，三つの正弦波が合成されている信号を作成し，それに対して FFT を適用する。与える正弦波は次式である。

$$x(n)=A\sin\left(\frac{2\pi f_0}{f_s}n\right)+A\sin\left(\frac{2\pi f_1}{f_s}n\right)+A\sin\left(\frac{2\pi f_2}{f_s}n\right) \tag{5.72}$$

ここで，f_s：サンプリング周波数（8 000 Hz），f_0，f_1，f_2 はそれぞれの正弦波の周波数，250 Hz，2 000 Hz，3 750 Hz とする。したがって，周波数成分として，この三つの成分が得られるはずである。この周波数成分を確認する。このときの Excel における操作を以下に示す。

① 合成波のデータの作成（**図 5.8**）

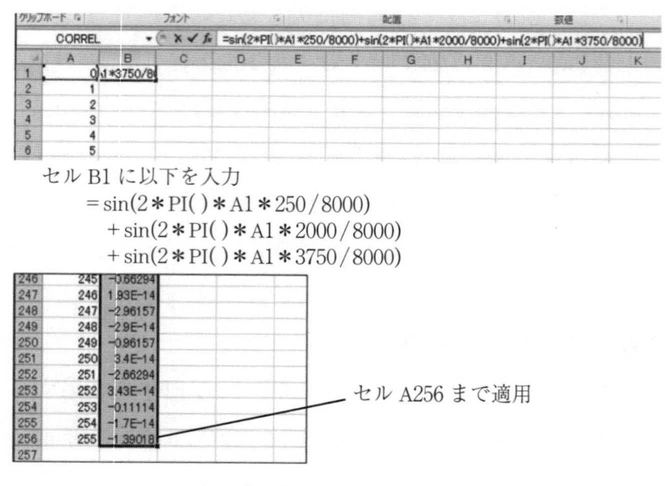

図 5.8　合成波のデータの作成

・セル A1 ～ A256 に 0 ～ 255 を入力

・セル B1 ～ B256 に A 列の数字を n として，式 (5.72) を入力

② 合成波のデータの確認（**図 5.9**）

・［挿入］タブ-［散布図］によって，合成波の波形を確認

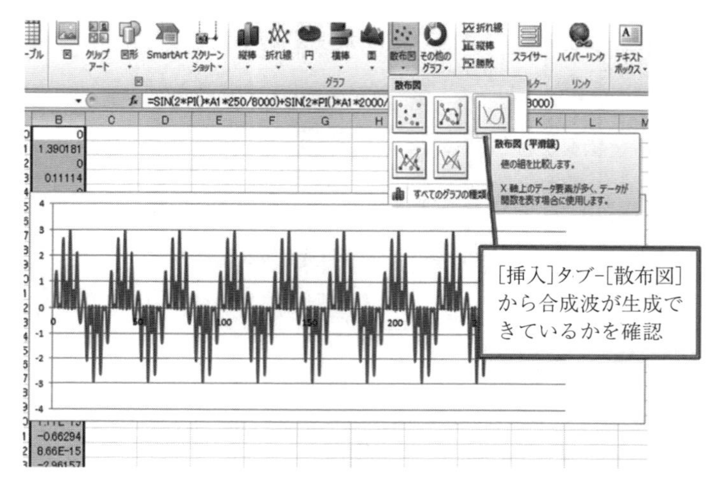

図 5.9 合成波のデータの確認

③ FFT の選択（**図 5.10**）

・［データ］タブ-［データ分析］-［フーリエ解析］-［OK］

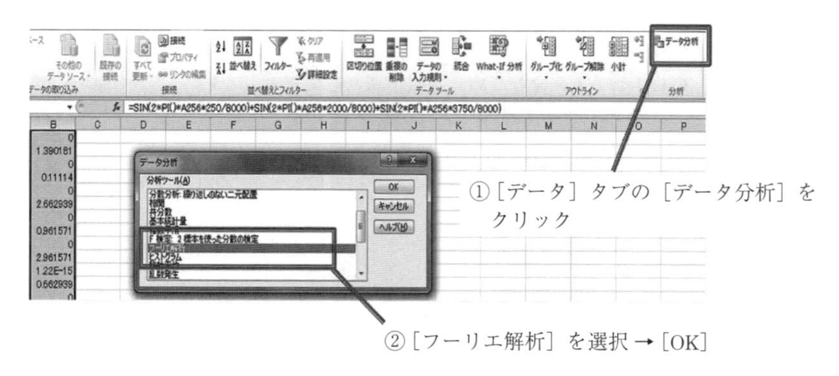

図 5.10 FFT の選択

④ FFT の実行（**図 5.11**，**図 5.12**）

・入力範囲として B1 ～ B256，出力先として D1 を選択

・D1 ～ D256 のセルに FFT の結果が出力される（複素数が含まれている）

⑤ 振幅スペクトルの算出（**図 5.13**）

振幅スペクトルのグラフを書くため，縦軸のデータとなる絶対値を計算す

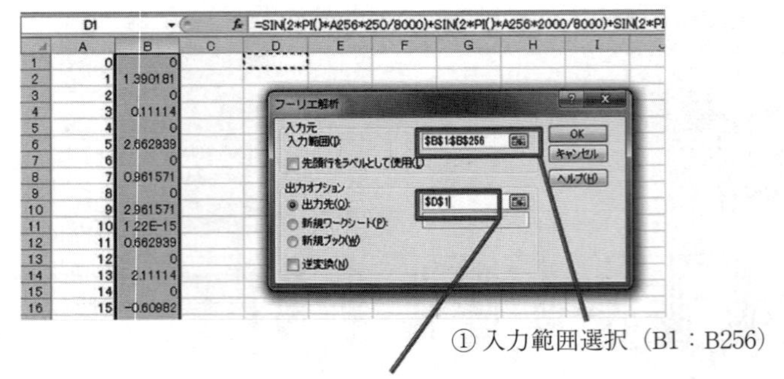

図 5.11　FFT の実行のための設定

	A	B	C	D
1	0	0		0
2	1	1.390181		0
3	2	0		0
4	3	0.11114		0
5	4	0		0
6	5	2.662939		0
7	6	0		0
8	7	0.961571		0
9	8	0		−128i
10	9	2.961571		0
11	10	1.22E−15		0
12	11	0.662939		0
13	12	0		0
14	13	2.11114		0

FFT の結果が出力される

※複素数 (i) を含むため，数値情報として扱われない
　→ 直接散布図を書くことができない

図 5.12　FFT の実行結果

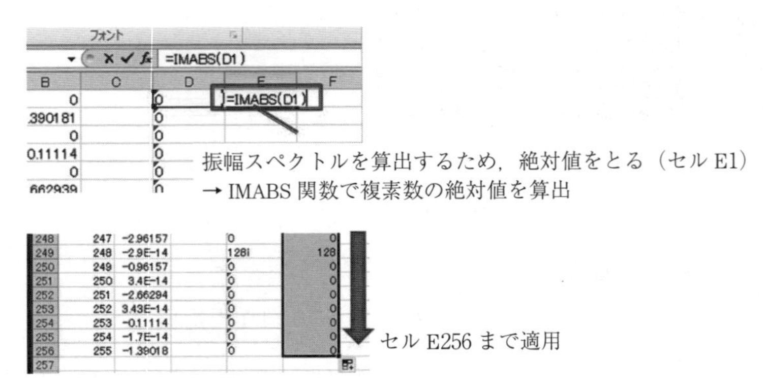

図 5.13　振幅スペクトルの算出

る。絶対値は「実部の二乗＋虚部の二乗」の平方根で求められる。IMABS 関数（複素数の絶対値を返す）を用いて，D1 ～ D256 の絶対値を E1 ～ E256 に求める。

⑥ 周波数の算出（**図 5.14**）

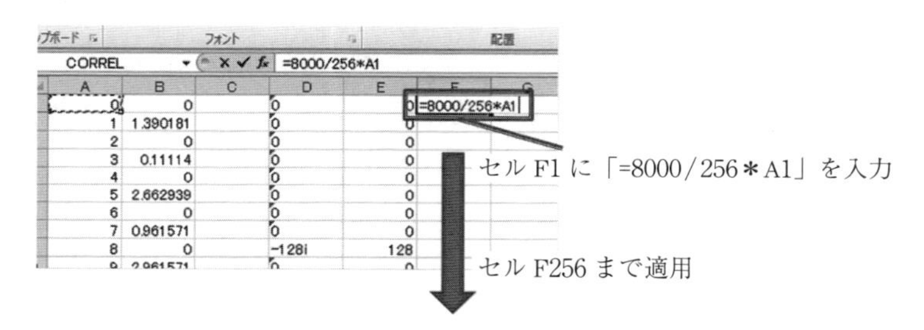

図 5.14 周波数の算出

振幅スペクトルのグラフを書くため，横軸となる周波数を求める。FFT の周波数分解能 Δf は，次式で与えられる。

$$\Delta f = \frac{f_s}{N} \tag{5.73}$$

ここで，f_s：サンプリング周波数（＝8 000 Hz），N＝ポイント数（＝256）である。この分解能と A 列の数値の積を F1 ～ F256 のセルに格納する。

式 (5.73) から，周波数分解能を高くする（ΔF を小さくする）ためには，サンプリング周波数を低くするか，ポイント数 N を大きくする（時間窓長を大きくすることと同じ）必要があることがわかる。ただし，通常（の測定器）は，分析周波数範囲を決めるとサンプリング周波数が自動的に決定されるので，実際の周波数分解能はポイント数 N に依存することになる。

⑦ 振幅スペクトルの描画

振幅スペクトルの列を選択－［挿入］タブ－［散布図］の手順を実行する。振幅スペクトルが確認できる（**図 5.15**）。しかし，この段階では横軸は周波数となっていないことに注意する。

⑧ 周波数の設定

上記の横軸はサンプル番号であるので，周波数（F1 ～ F128）のデータに変

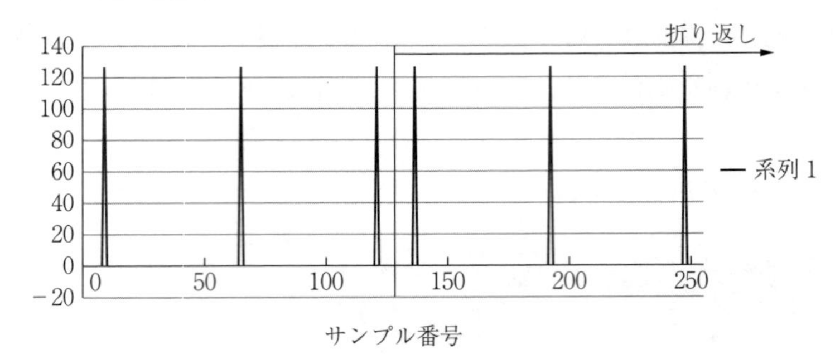

※横軸を周波数に直していないことに注意

図 5.15　振幅スペクトルのグラフ

更する。表示範囲は，サンプリング周波数の 1/2，すなわち，ナイキスト周波数である 4 000 Hz の範囲までにとどめる。これは，ナイキスト周波数以上のデータは，ナイキスト周波数以下のデータが折り返して表示されるため（前節で述べたエイリアスである），意味の持たない振幅である（**図 5.16**）。［データの選択］-［編集］-［系列 X の値］として，F1 ～ F128 を，［系列 Y の値］として，E1 ～ E128 を選択する。

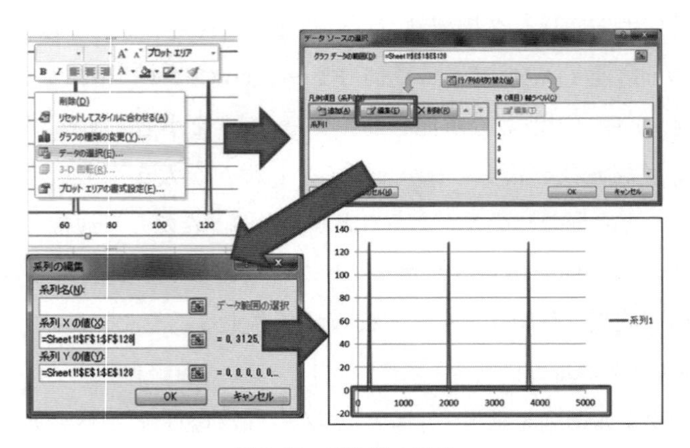

図 5.16　周波数の設定

⑨　表示区間の設定

前述の理由から，横軸は最大 4 kHz とする（**図 5.17**）。また，振幅スペクトルとして，その定義から 0 以下はありえないので，縦軸の最小値も 0 とする。

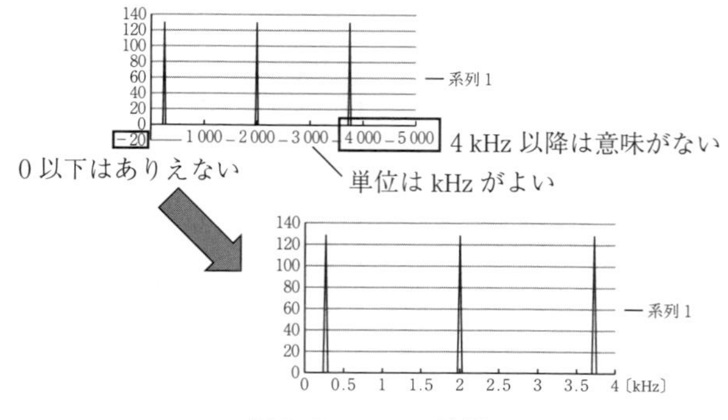

図 5.17 FFT の結果

FFT 実施前の入力データの波形の横軸は時間（データを取得したサンプリング間隔×データの順番），FFT の結果の横軸は周波数である。一方，縦軸は振幅スペクトルの大きさを表示しているので，例えば，電圧が入力であれば，電力あるいは電力に比例する値を示していると解釈できる。ちなみに，測定器の場合は，縦軸の値はデシベル（dB）表示であることがほとんどであるので，測定値の倍増，半減はそれぞれ 3 dB の増加，減少である。これは入力電圧の変化の幅が大きいため，表示が対数表示になっているためである。

全区間を表示すると，手順 ⑦ で示した図 5.15 のようになる。しかし，意味のあるデータは，ナイキスト周波数以下の周波数成分である。ナイキスト周波数以降のデータは，ナイキスト周波数以前のデータが折り返し（エイリアシング）されているだけで，実体はないものであることに留意する必要がある。

【例題】

サンプリング周波数 1 kHz でサンプリングした 512 点のデータ（f_i，$i=1, 2, \cdots, 512$）に対して，FFT を行ったときの周波数分解能，および解析できる信号の最高周波数はそれぞれ何 Hz か。また，有効なフーリエ係数 c_k と k の値はいくらか。

【解答】

周波数分解能は式（5.72）より，$f_s/N=1\,000/512=1.95$ Hz である。また，解析できる信号の最高周波数は，ナイキスト周波数である 1 kHz/2 の 500 Hz である。

離散フーリエ変換のスペクトルは周期的であり，その周期はポイント数 N である。負のスペクトルは，$k=N/2$ から $k=N-1$ に現れる。すなわち，振幅スペクトル，パワースペクトルは $k=N/2$ を中心とした左右対称である。フーリエ係数としては，c_0，c_1，…，c_{511} であるが，c_{257} 以降は負のスペクトルで意味を持たないものである。よって，$k=256$ である。◆

―― 事例：加速度データのフーリエ変換 ――

加速度データに対してフーリエ変換を適用した例を示す。ここでは，① 肩を中心にゆっくり円を描く形で腕を回転させた場合と，② 肘を中心に，同じく円を描く形で速く回転させた場合での加速度データを取得した。得られた3軸方向の加速度を合成した $\left(\sqrt{a_x{}^2+a_y{}^2+a_z{}^2}\right)$ データに対して，FFT を適用した。FFT の実行方法は 5.9.1 項で述べたとおりである。

ゆっくり回したときの結果を**図 5.18** に示す。このときのポイント数は，$N=64$ である。データ取得時のサンプリング周期は約 0.1 s†，したがってサンプリング周波数は 10 Hz，ナイキスト周波数は 5Hz である。確かに，ナイキスト周波数を中心にしてエイリアスが発生していることがわかる。物理的に意味がある区間 0 Hz ～ 5 Hz を表示したものが**図 5.19** である。ピーク周波数は 1.2

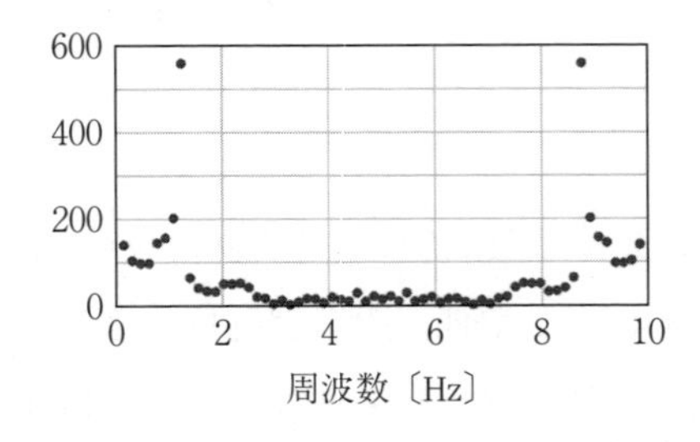

図 5.18　FFT の結果（エイリアスの確認）

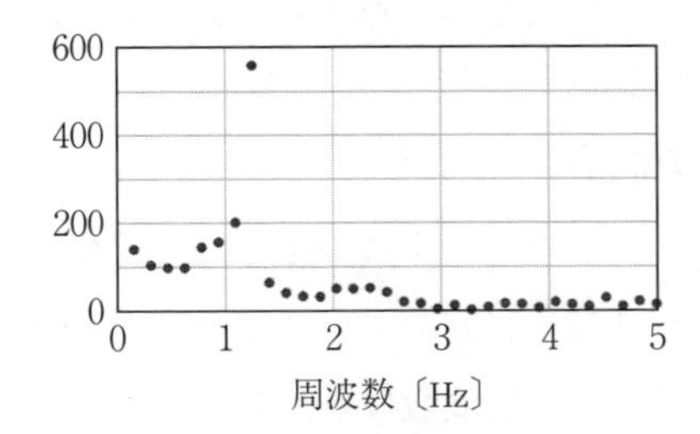

図 5.19　FFT の結果（$N=64$）

† サンプリング間隔が一定であるべきだが，スマートフォンで取得できるセンサデータのサンプリング間隔は必ずしも一定間隔ではない。ここでは，近似的に 0.1s として FFT を行った結果を示す。

Hzであり，約1sで回した実感とよく合致していることが確認できる。

なお，FFTのアルゴリズムからポイント数Nは2のべき乗，すなわち，64，128，256，512，1 024，…である条件があり，Excelでの場合は，このポイント数にデータを合わせる必要がある[†]。

ポイント数N=256の場合の，同じくゆっくり回転させたときの結果を**図5.20**に示す。サンプリング間隔は同一であるので，Nが増えたということは，データの取得時間を大きくとったということである。式(5.73)からも明らかであるが，FFTの周波数分解能が高くなっていることが確認できる。

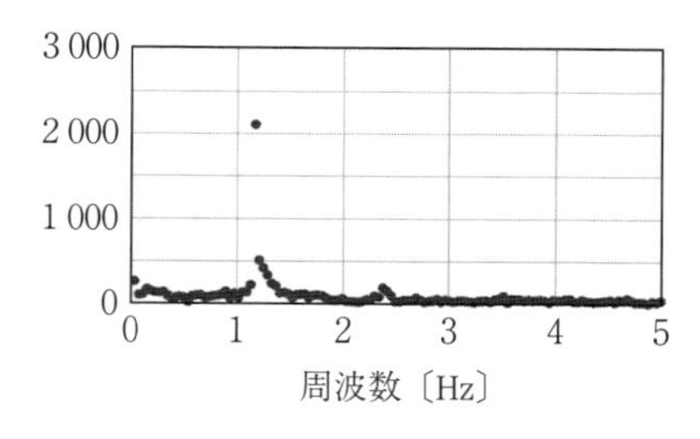

図5.20 FFT結果（N=256）

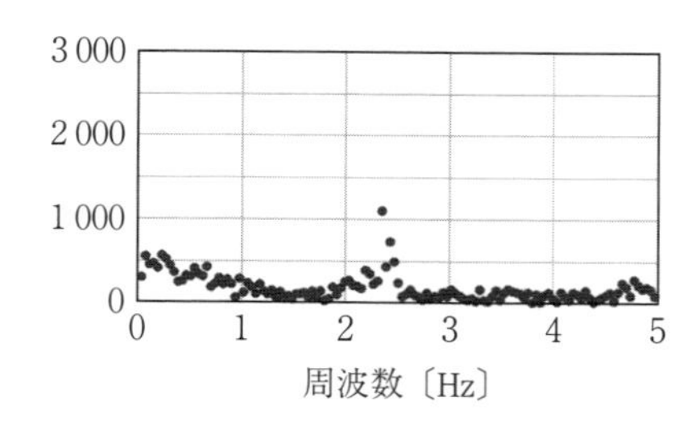

図5.21 FFT結果（速く回転させたとき）

一方，腕を速く回したときの結果（N=256）を**図5.21**に示す。ピークは2.4 Hzの近傍に現れている。ゆっくり回転させた図5.20の結果との相違が明確に確認できる。

高速フーリエ変換は，情報系，電気系，機械系の領域を問わず，このようにある信号を構成する周波数成分を明らかにする場合などに広く使われる手法である。構造，画像などの分野における各種解析，成分分析や不要成分の除去，必要成分の抽出などのための周波数分析などに適用されている。また，周波数を信号の特徴量として判別分析に使用されることも多い。

† 解析ソフトによっては，最も近いべき乗の数のデータに自動設定して（それ以外を0として）行うものもあり，この場合はエラー出力はされない。

5章の振り返り

（1）時間軸上の信号を周波数領域の信号に変換する意義を述べよ。

（2）フーリエ級数展開を説明せよ。

（3）オイラーの公式を示せ。複素数を用いてフーリエ変換を表現する意味を考えよ。

（4）フーリエ級数からフーリエ変換への拡張の前提とその相違を述べよ。

（5）離散フーリエ変換の前提と，その前提による影響を述べよ。

（6）FFTを利用するときのポイント数の条件，周波数分解能について述べよ。

6

フィルタによる信号処理

データ処理として，センサから得られたデータのノイズを除去したい，特定の周波数成分を取り除きたい，あるいは取り出したい，強調したいという場合も多い。本章では，ノイズの除去のための簡易的な方法である移動平均や特定成分抽出のためのディジタルフィルタによる信号処理について，フィルタの構造から実際の適用例を含めて述べる。

6.1 移動平均

得られたデータにノイズが含まれている場合がある。また，変化の速度が速すぎて全体としての大きな傾向を把握するという意味では，その速さがかえって都合が悪い場合もある。例えば，気温のグラフとして，毎日の値をグラフ化するよりも月ごとに平均化したものをグラフ化したもののほうが，月ごとの気温変化が把握しやすいことは容易に理解できるであろう（**図 6.1**）。

日々測定されたすべての気温に対して注目する測定日の前後，あるいは前にある範囲の測定日を考慮し，その平均値をとっていく処理（この操作を移動平均という）を行えば，滑らかな曲線になり，より全体の傾向は明確になると思われる。

データ系列 f_i が $\{f_1, f_2, f_3, \cdots, f_N\}$ で与えられた場合を考える。注目する点 i の値を，その前後 K 個のデータを考慮して，その平均値をとる。すなわち，点 i における移動平均後の新たなデータ g_i として，式 (6.1) から平滑値を算出する。対象とする前後の点の値を加算し，平均をとることによって波形を滑らか

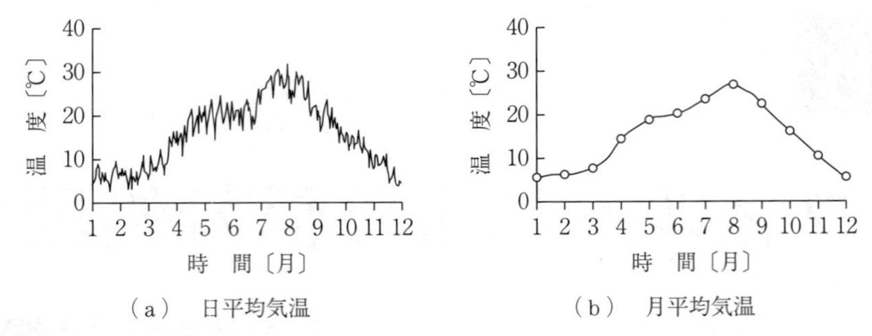

注：日平均のデータ数は 365 個，月平均のデータ数は 12 個である。
365 個の点をプロットするのは困難なため，線で表現している。

図 6.1　日平均と月平均の気温の変化

にすることができる。

$$g_i = \frac{1}{2K+1}\left(f_{i-K} + f_{i-K+1} + \cdots + f_i + \cdots + f_{i+K}\right) \tag{6.1}$$

ここで，K は平均を求める対象のデータの個数である。すなわち，移動平均は，そのデータの前後 K 個のデータの平均値をとることである。式 (6.1) は以下の形で書ける。

$$g_i = \frac{1}{2K+1}\sum_{j=-K}^{K} f_{i+j} \tag{6.2}$$

移動平均のとり方の例を**図 6.2** に示す。この例では $K=2$ として，前後の 2 点を含めた 5 点のデータの平均をとっている。データの両端では，その定義からも明らかなように平均値が計算できない要素が生じるので，i がとりうる範囲は $i=1+K,\ 2+K,\ \cdots,\ N-K$ となることに留意する。

上記は，処理すべきデータのすべてを取得完了していることが前提である。しかし，計測中の時系列データにおいては，対象のデータ i の先のデータは用いることは当然できない。このような場合は，次式が使われる。

$$g_i = \frac{1}{K+1}\left(f_{i-K} + f_{i-K+1} + \cdots + f_i\right) \tag{6.3}$$

すなわち

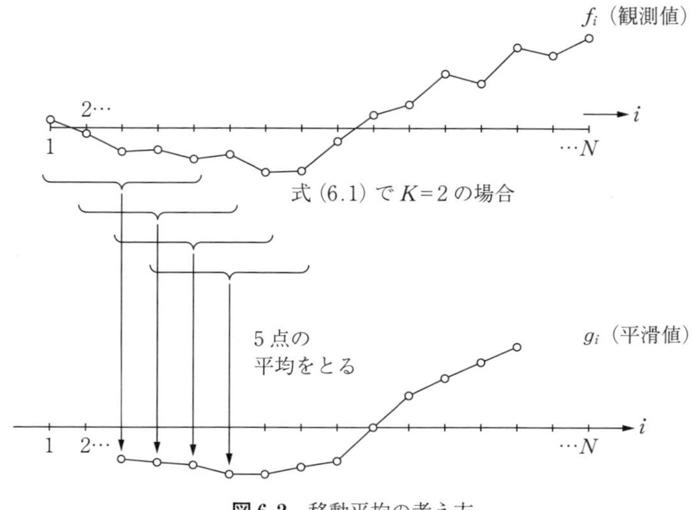

図 6.2　移動平均の考え方

$$g_i = \frac{1}{K+1} \sum_{j=-K}^{0} f_{i+j} \tag{6.4}$$

である。ただし，$i=1+K,\ 2+K,\ \cdots,\ N$ である。

さらに，前後の点や前部（過去）のデータのすべてが同じ程度に重要であるというよりも，注目している点に近い点ほど，そのデータの重要性が高いと考えるのが自然であろう。その考え方に立脚すると，各データの重みを考慮したものとするのが妥当である。この場合は，加重移動平均と呼ばれる次式が用いられる。

$$g_i = \sum_{j=-K}^{K} \omega_j f_{i+j} \tag{6.5}$$

ただし，$i=1+K,\ 2+K,\ \cdots,\ N-K$ である。ここで，重みの係数は式 (6.6) が条件である。

$$\sum_{j=-K}^{K} \omega_j = 1 \tag{6.6}$$

したがって，移動平均算出の対象のデータ数が 3 であれば，1/6，2/6，3/6 が，5 であれば，1/15，2/15，3/15，4/15，5/15 などの重みが考えられる。

データ →

·	·	8	7	4	6	17	12	4	5

1 回目の移動平均　$g_3=\frac{1}{3}(5+4+12)$

2 回目の移動平均　$g_4=\frac{1}{3}(4+12+17)$

1 回目の加重移動平均　$g_3=\frac{1}{6}(5\times3+4\times2+12\times1)$

2 回目の加重移動平均　$g_4=\frac{1}{6}(4\times3+12\times2+17\times1)$

図 6.3　移動平均の計算例

移動平均，加重移動平均の計算例を**図 6.3** に示す。

移動平均に用いるデータの数が少ないと平滑化の効果は小さく，また逆に広すぎると変化が抑えられた波形になる。実際に，波形を求めて目的にあったものが得られているかという観点で，移動平均をとる範囲を決めるべきであろう。

事例：加速度センサデータに対する移動平均

移動平均が雑音除去に効果があることの例を示す。机の上にスマートフォンを置いて，そのときの重力加速度を測定する。このとき，机をたたいて振動を発生させる。その振動による影響の移動平均による除去効果を調べてみることにする。

机をたたく前の z 軸方向の加速度を**図 6.4** に示す。加速度センサ出力そのものの小さな変動は見られるものの，基本的には安定した出力が得られている。一方，机をたたいて振動を発生させた場合の加速度を**図 6.5** に示す（縦軸のス

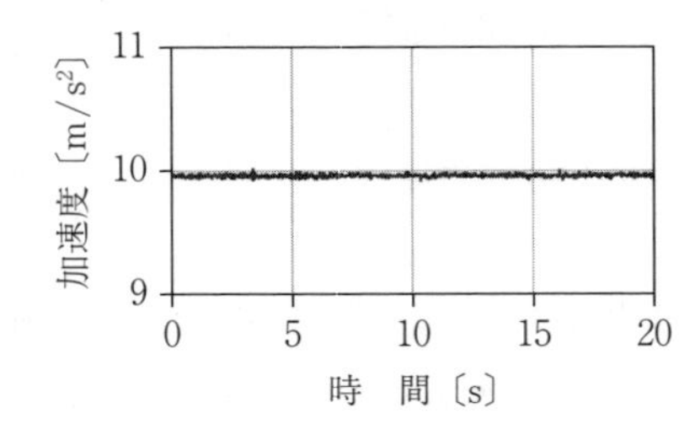

図 6.4　机に振動を与えないときの加速度

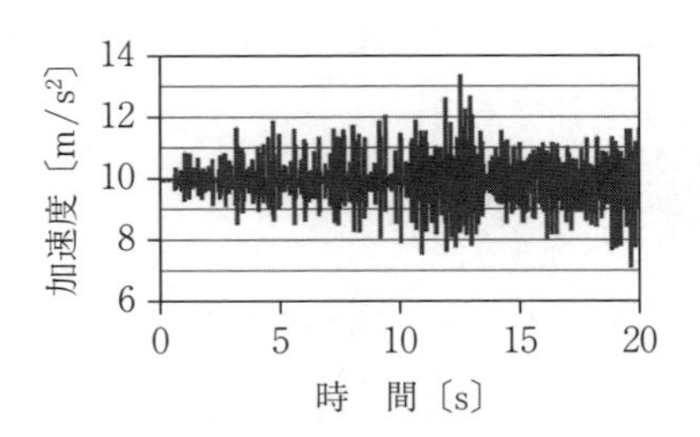

図 6.5　机をたたいたときの加速度

ケールを図6.4と変えている)。たたくことによって発生する振動の影響が明瞭に出現していることが確認できる。

この図6.5のデータに対して，移動平均を適用する。式(6.1)において$K=3$, $K=5$の場合の結果を**図6.6**に示す。机の振動の影響と思われる雑音成分が除去されていく様子が把握できる。本例が示すように，移動平均はきわめて単純な方法であるものの，一定の効果が期待できる手法である。

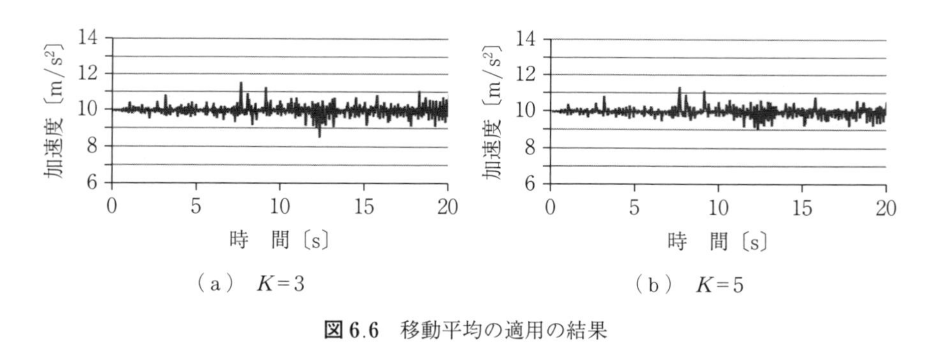

図6.6　移動平均の適用の結果

6.2 ノイズの圧縮

前節は移動平均をとることによって，雑音の影響を抑える方法であった。これは雑音の周波数成分が高く，その振幅も小さい場合は有効な手法である。一方で，雑音成分が大きく，その周波数も高くない場合は，有効な手法ではない。本節では，雑音も持つ信号ながら周期的に繰り返される信号に対して有効な雑音除去の原理と方法を示す。これは同期加算法，または平均応答法と呼ばれる方法である。

受信した信号を$f(t)$とすると，信号の中には本来の周期信号である送信信号成分$s(t)$と雑音成分$n(t)$が含まれているので

$$f(t)=s(t)+n(t) \tag{6.7}$$

と表現できる。この信号が繰り返し受信され，かつ，信号の時間的位置がつね

に一定の位置に揃えられて受信できるとする。別のいい方をすると，信号の周期に合わせた一定の時間間隔でデータを取得するという意味である。ちなみに，送信信号の時間タイミングを一致させることや，受信タイミングを揃えることを，同期をとる，という。

つねに同じタイミングで受信する，すなわち同期をとって受信すると，k 回目の受信結果 $f_k(t)$ は周期信号 $s(t)$ の値が一定値であることと，雑音は受信のたびに異なることから $n_k(t)$ とおくと

$$f_k(t) = s(t) + n_k(t) \tag{6.8}$$

で表される。この信号受信を何回も繰り返し（N回），そしてその平均を求めると

$$\frac{1}{N}\sum_{k=1}^{N} f_k(t) = \frac{1}{N}\sum_{k=1}^{N} s(t) + \frac{1}{N}\sum_{k=1}^{N} n_k(t) \tag{6.9}$$

で表される。右辺第1項は，周期信号 $s(t)$ を N回加算して Nで除算するので，明らかに $s(t)$ である。一方，右辺第2項はどのように考えるべきであろうか。ノイズ $n(t)$ はノイズ信号であり，処理は N回加算して，Nで除算することは第1項と同じである。ここで，一般にノイズの確率分布は標準正規分布と仮定できることが知られている。すなわち，雑音成分の加算結果は，0に収束していく。すなわち，式 (6.9) は右辺第2項が消えた式 (6.10) となる。

$$\frac{1}{N}\sum_{k=1}^{N} f_k(t) = \frac{1}{N}\sum_{k=1}^{N} s(t) \tag{6.10}$$

したがって，雑音を含んでいても測定対象が周期的な信号の場合は，その周期に合わせたタイミングを確保して測定し，それらの加算データを平均化することによって，雑音を除去した信号を得ることができる。そのイメージを**図 6.7** に示す。

なお，$s(t)$ が周期信号に限定されることなく，ノイズがある特定周波数の範囲内にある場合のノイズの除去は，各種フィルタで実現できる。これらについては，次節以降で述べる。

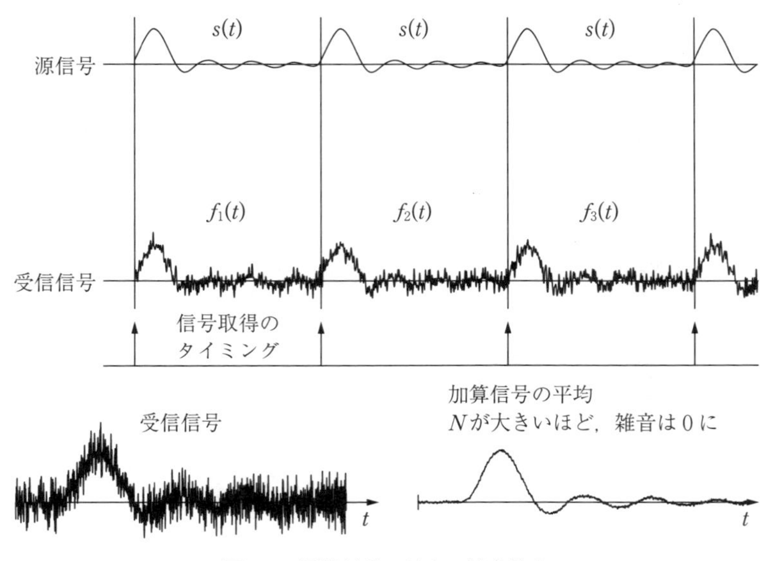

図 6.7　周期信号に対する雑音除去

6.3　フィルタ処理

6.3.1　フィルタの種類

より性能の高いノイズの除去やほしい周波数帯域の波形を取り出す方法として，フィルタによる方法がある。各フィルタの種類を**図 6.8** に示す。アナログフィルタ，ディジタルフィルタという分け方もあるが，低い周波数の波形を取り出すローパスフィルタ（Low Pass Filter：LPF），その逆の高い周波数の波形を取り出すハイパスフィルタ（High Pass Filter：HPF），ある特定の範囲の周波数成分を持つ波形のみを取り出すバンドパスフィルタ（Band Pass Filter：BPF），同じく特定の範囲を除去するバンドエリミネーションフィルタ（Band Elimination Filter）という機能で分類されることが多い。

ディジタルフィルタにおける構成要素を**表 6.1** に示す。これら三つの要素のみで構成され，これらを組み合わせた処理によって，必要となる機能を有するフィルタを設計する。

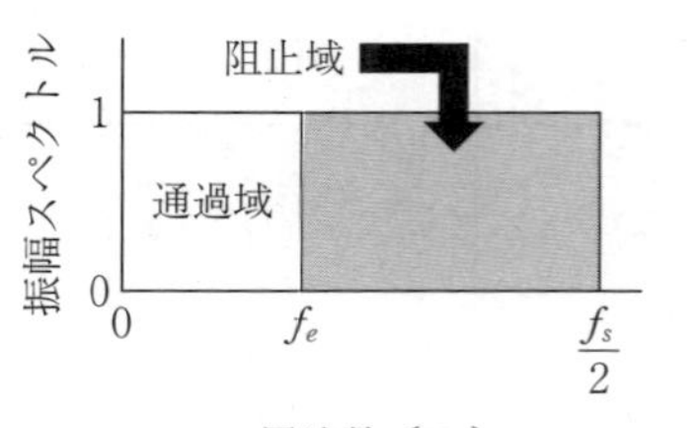

（a） LPF（低域の周波数成分を通過させる）

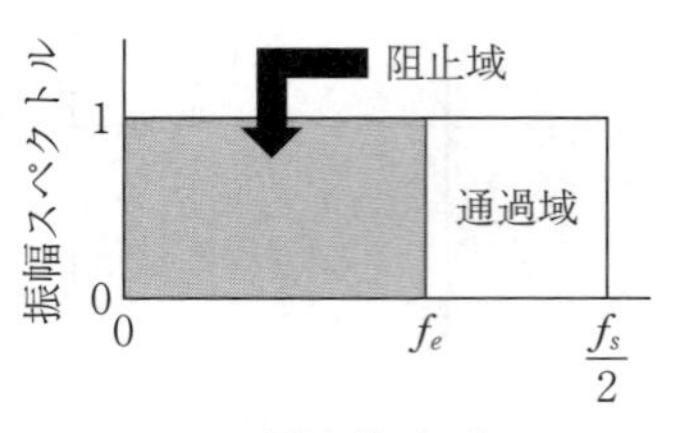

（b） HPF（高域の周波数成分を通過させる）

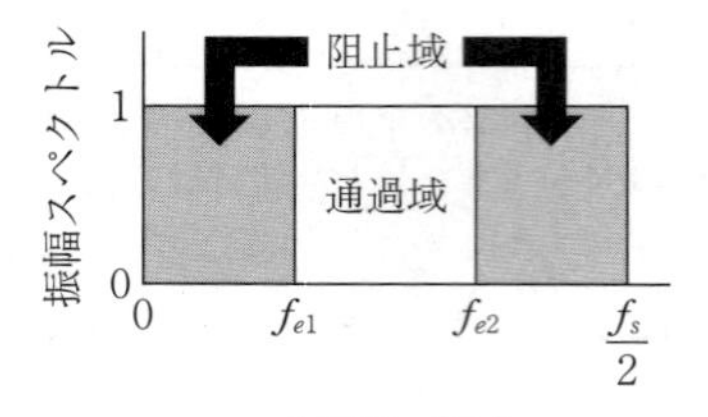

（c） BPF（特定の帯域だけ通過させる）

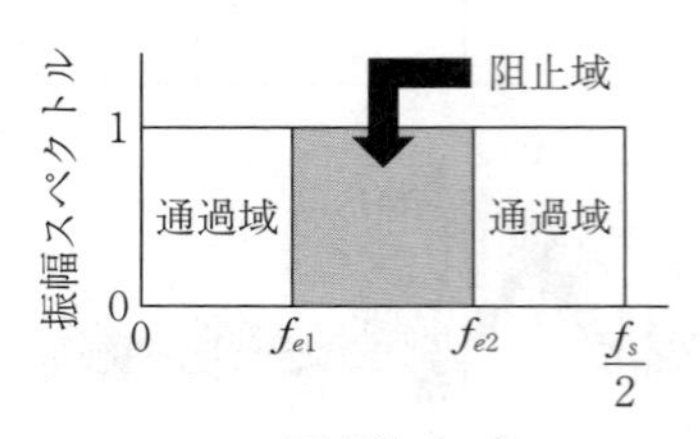

（d） BEF（特定の帯域だけ阻止する）

図 6.8　フィルタの種類

表 6.1　ディジタルフィルタの構成要素

要　素	記　号	機　能
加算器	⊕	入力された複数の値の加算結果を出力
乗算器	▷ p	入力された値に定数 p を乗算して出力
遅延器	z^{-1}	入力されたデータの一つ前のデータを出力

ここで，z^{-1} は，1 サンプルの遅延器[†]であり，それを通過したデータは，1 サンプル前の信号のタイミングで取得したデータである。例えば，前節で示した移動平均の処理は，これらの構成要素を用いて**図 6.9** のブロック図で記述できる。なお，$x(n)$ と書いている表記は，$x[n]$，x_n と書かれる場合も多い。

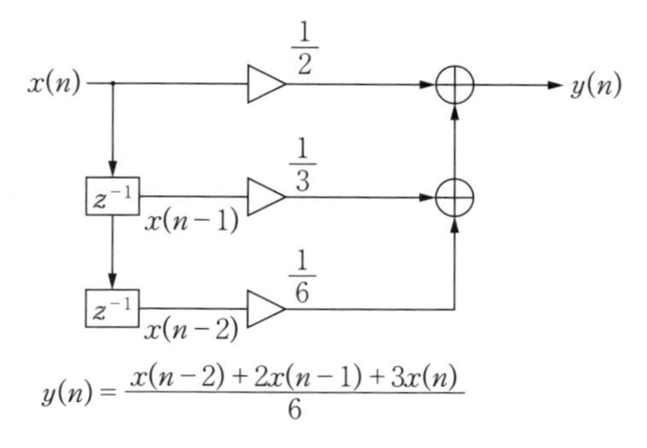

図 6.9　移動平均を表すブロック図

また，ディジタルフィルタは，その構造から以下の二つのフィルタに分けられる。

〔1〕 **FIR フィルタ**

FIR フィルタの入出力関係は，式 (6.11) で表される。また，その構成は**図 6.10** のように表される。したがって，移動平均は FIR フィルタの一つである

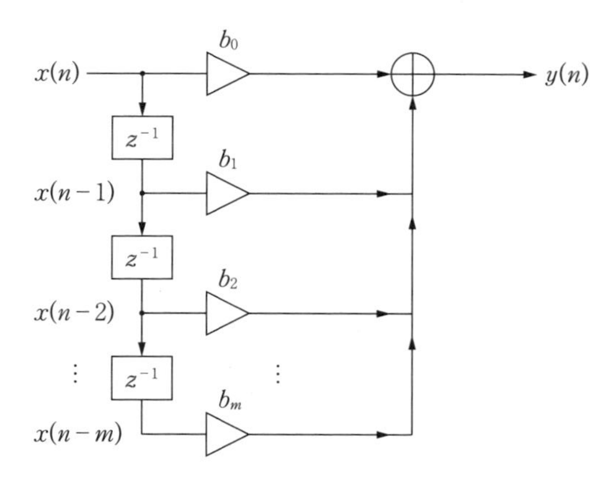

図 6.10　FIR フィルタの基本構成

† （前ページの脚注）z^k の指数 k がマイナスは「遅れ」，プラスは「進み」に対応させている。$z^{-k}=(z^{-1})^k$ は，kT（T：サンプリング時間）の遅れとなる。$t=kT$ における信号 x_k は $x_k z^{-k}$ で表せる。なお，ディジタル信号全体は

$$\cdots+x_{-2}z^2+x_{-1}z^1+x_0+x_1z^{-1}+x_2z^{-2}+\cdots=\sum_{k=-\infty}^{\infty}x_kz^{-k}$$

と表すことができる。

ことがわかる。

$$y(n)=\sum_{k=0}^{m} b_k x(n-k) \tag{6.11}$$

ここで，$x(n)$：入力信号，$y(n)$：出力信号，b_k：乗算器にセットされるフィルタ係数である。

〔2〕 **IIR フィルタ**

IIR フィルタの入出力関係は，次式で表される。また，その構成は**図 6.11** で示される。

$$y(n)=-\sum_{k=1}^{m} a_k y(n-k)+\sum_{k=0}^{m} b_k x(n-k) \tag{6.12}$$

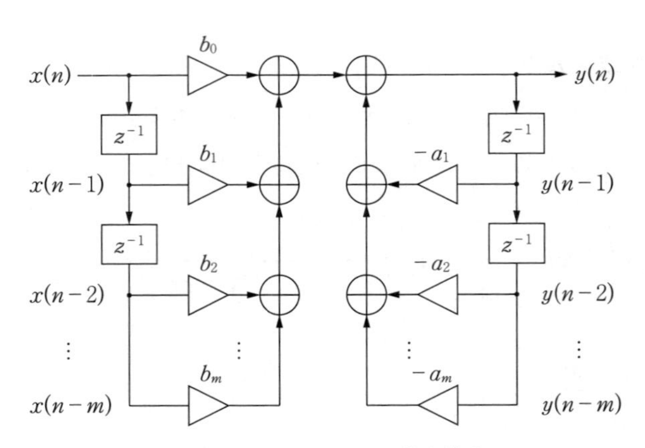

図 6.11　IIR フィルタの基本構成

ここで，$x(n)$：入力信号，$y(n)$：出力信号，a_k，b_k：乗算器にセットされるフィルタ係数である。

FIR フィルタが過去の入力信号から結果を計算したものであるのに対して，IIR フィルタは現在の時刻の出力信号に，それよりも過去の出力信号がフィードバックされる。FIR フィルタはある時刻から以降で入力信号がすべて 0 になると，出力信号も有限の時間の経過後，遅れて 0 になる。F は Finite，有限の略である。後の 2 文字の IR は Impulse Response，インパルス応答の略である。FIR フィルタは，位相ひずみをまったく発生しないフィルタを実現できる，という大きな特徴がある。

一方，IIR フィルタは出力信号がフィードバックされるため，ある時刻以降で入力信号が0になっても，出力信号はいつまでも理論的には0にならない[†1]。IIR の最初の I は Infinite，つまり無限の略である。

FIR フィルタは，その構成から同程度の特性の IIR フィルタに比べて，計算量が多くなるという欠点がある。一方，IIR フィルタは，信号の位相をひずませるという欠点がある。位相ひずみの影響が無視できる場合，例えば，音声信号の処理（人間の聴覚は位相の変化に敏感ではない）では IIR フィルタが使われることが多いようである。

フィルタの特性として，そのまま通す周波数領域（通過帯域），カットする周波数領域（遮断帯域），通過帯域から遮断帯域に移行する区間（遷移帯域）の三つの帯域に分けられるが，フィルタの設計の基本は，この三つの帯域を決めることから始まる。ローパスフィルタを例とした各帯域を**図 6.12** に示す。遷移帯域には，カットオフ周波数が含まれる。これはゲイン[†2]の振幅が 3 dB 減衰するときの周波数の値である。

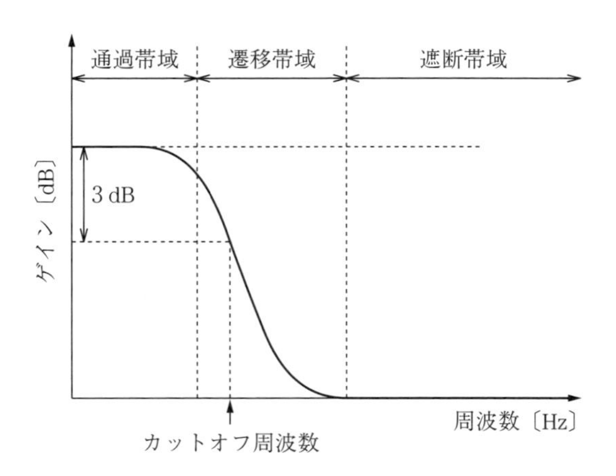

図 6.12　ローパスフィルタにおける各帯域

---

† 1　漸近的には 0 になる。また，D/A コンバータからの出力を考慮すると，D/A 変換器の 1 ビット分より小さな値（分解能より小さい値）となれば，0 が出力される。

† 2　入力と出力の比を指す。その値はデシベル（dB）値，すなわち対数値で表されることが多い。

6.3.2 フィルタ設計の考え方

フィルタの構成やタップ数（遅延器の数）とともに，タップの係数を求めることがフィルタの設計となる。ここでは，係数の算出方法までは述べずに，基本的な考え方を紹介する。フィルタの特性は図 6.8 に示すとおり，周波数特性によって示されるが，それは Z 変換によって調べることができる。$x(n)$ と $y(n)$ の Z 変換の定義は，次式で与えられる。

$$X(Z)=\sum_{n=-\infty}^{\infty} x(n)z^{-n} \tag{6.13}$$

$$Y(Z)=\sum_{n=-\infty}^{\infty} y(n)z^{-n} \tag{6.14}$$

ここでは，IIR フィルタを例にとってその特性を調べる。この定義に従って，式 (6.12) の Z 変換を求めると次式となる。

$$Y(Z)=-\sum_{n=-\infty}^{\infty}\sum_{k=1}^{m} a_k y(n-k)z^{-n}+\sum_{n=-\infty}^{\infty}\sum_{k=0}^{m} b_k x(n-k)z^{-n} \tag{6.15}$$

乗算の順番を入れ替えると

$$Y(Z)=-\sum_{k=1}^{m} a_k \sum_{n=-\infty}^{\infty} y(n-k)z^{-n}+\sum_{k=0}^{m} b_k \sum_{n=-\infty}^{\infty} x(n-k)z^{-n} \tag{6.16}$$

式 (6.16) は次式のようにも書ける。z^k をかけ，z^k で割る操作を挿入している。

$$Y(Z)=-\sum_{k=1}^{m} a_k \sum_{n=-\infty}^{\infty} y(n-k)z^{-n+k}z^{-k}+\sum_{k=0}^{m} b_k \sum_{n=-\infty}^{\infty} x(n-k)z^{-n+k}z^{-k} \tag{6.17}$$

Z 変換の定義式を考慮すると，式 (6.18) のように書き換えられる。$n=-\infty$ ～∞であり，k は有限であるため，$n-k$ も $-\infty$～∞である。

$$Y(Z)=-\sum_{k=1}^{m} a_k Y(Z)z^{-k}+\sum_{k=0}^{m} b_k X(Z)z^{-k} \tag{6.18}$$

ここで，a_k は $1\leqq k\leqq m$，b_k は $0\leqq k\leqq m$ で値を持ち，その他は 0 であることを考慮すると，式 (6.19) となる。

$$Y(Z) = -\sum_{k=-\infty}^{\infty} a_k Y(Z) z^{-k} + \sum_{k=-\infty}^{\infty} b_k X(Z) z^{-k} \tag{6.19}$$

$x(n)$ と $y(n)$ と同じく，a_k，b_k も次式で定義できる。

$$A(Z) = \sum_{k=-\infty}^{\infty} a_k z^{-k} \tag{6.20}$$

$$B(Z) = \sum_{k=-\infty}^{\infty} b_k z^{-k} \tag{6.21}$$

したがって，式 (6.19) は式 (6.22) となる。

$$Y(Z) = -A(Z)Y(Z) + B(Z)X(Z) \tag{6.22}$$

この式から IIR フィルタの伝達関数（入力信号と出力信号の比）は，式 (6.23) で表される。

$$H(Z) = \frac{Y(Z)}{X(Z)} = \frac{B(Z)}{1 + A(Z)} \tag{6.23}$$

FIR フィルタの場合も，式 (6.11) から出発して前述とまったく同じ手順を踏むことにより次式を得る。

$$H(Z) = \frac{Y(Z)}{X(Z)} = B(Z) \tag{6.24}$$

この伝達関数が，IIR フィルタの周波数特性を表す。$H(Z)$ はフィルタへの入力信号と出力信号の比であることから，その特性を示すことは明らかである。別のいい方をすると，入力信号の周波数特性とフィルタの周波数特性をかけ合わせたものが，出力信号の周波数特性になることを示している。つまり，フィルタは，その周波数特性によって入力信号の周波数特性を変化させ，所望の出力信号となるように操作しているともいえる。

フィルタ設計者は，この周波数特性を有するようにフィルタ次数とフィルタ係数を決めることになる。高次のフィルタ係数は専用のソフトウェアや MATLAB，Scilab などの設計ツールを用いて求めることが通常である。

6.3.3 フィルタの特性とその効果

5 章の FFT の事例で用いた式 (5.72) で表される三つの周波数成分を有する

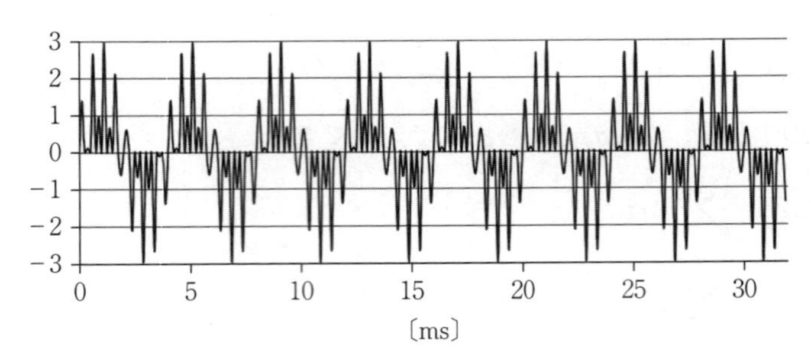

図 6.13　信号の時間波形

信号に対するローパス，ハイパス，バンドパスフィルタの効果を調べてみる。この信号の時間波形は**図 6.13** である。

フィルタ構造として IIR フィルタを選択した。その係数を**表 6.2** に示す。各パラメータは，2 次のローパス，ハイパスフィルタ，1 次のバンドパスフィルタとして，ローパス，ハイパスフィルタのカットオフ周波数はそれぞれ 1 000 Hz，3 000 Hz，バンドパスフィルタは 2 000 Hz を中心とした通過帯域となるようにして求めたものである†。

表 6.2　各フィルタのパラメータ値

	ローパス	ハイパス	バンドパス
遮断周波数	1 000 Hz	3 000 Hz	1 250 Hz，2 750 Hz
b_0	0.097 6	0.097 6	0.400 5
b_1	0.195 3	−0.195 3	0.0
b_2	0.097 6	0.097 6	−0.400 5
a_1	−0.942 8	0.942 8	0.0
a_2	0.333 3	0.333 3	0.198 9

† 例えば MATLAB では，IIR フィルタの係数を求める一つの方法としてバターワースフィルタを用いた関数が用意されている。ローパス，ハイパス，バンドパスフィルタの順に $[b, a]$= butter(2, 0.25)，$[b, a]$= butter(2, 0.75, 'high')，$[b, a]$= butter(1, [0.312 5, 0.687 5]) でその係数を求めることができる。引数の 2，1 はフィルタの次数である。0.25 は 1 000 Hz，すなわちナイキスト周波数（4 000 Hz）の 0.25 倍を，0.75 は 3 000 Hz 示している。ちなみに，ハイパスフィルタでの遮断周波数を 2 500 Hz とすると $b_0=0.1867$，$b_1=-0.3734$，$b_2=0.1867$，$a_1=0.4629$，$a_2=0.2097$ と求まる。

ディジタルフィルタの周波数特性は，$z=e^{j\omega}$ で計算した伝達関数として解釈できる。したがって，その周波数特性は一般形として式 (6.25) で与えられる。IIR フィルタの伝達関数（式 (6.23)）の分母における 1 は，$a_0=1$ とすることで，式 (6.25) でフィルタの特性として記述できる。周波数特性を求めるための C 言語のプログラムを付録 E.1 に示す。

$$H\left(e^{j\omega}\right)=\frac{\sum_{k=0}^{M-1} b_k e^{-j\omega k}}{\sum_{l=0}^{N-1} a_l e^{-j\omega l}} \tag{6.25}$$

これらのフィルタの周波数特性を順にローパス，ハイパス，バンドパスフィルタの順に**図 6.14** に示す。縦軸の 1 に近いほど，信号をそのまま通すということを意味している。したがって，ローパスフィルタでは，低い周波数の信号が通過（パス）され，高い周波数は遮断（カット）されることになる。ハイパスはその逆となり，そしてバンドパスは，ある帯域の周波数が通過されること

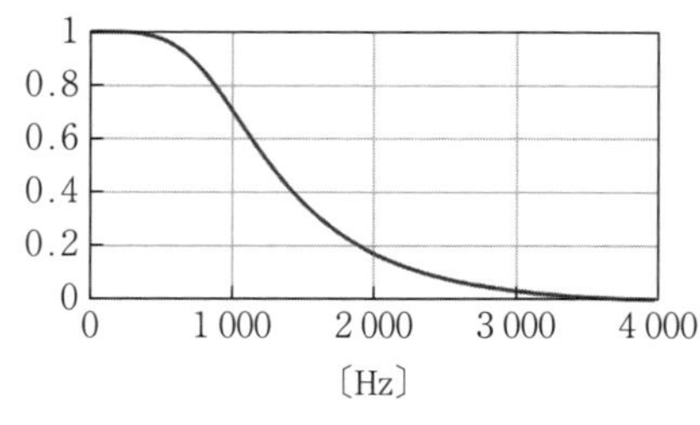

（a） ローパスフィルタ

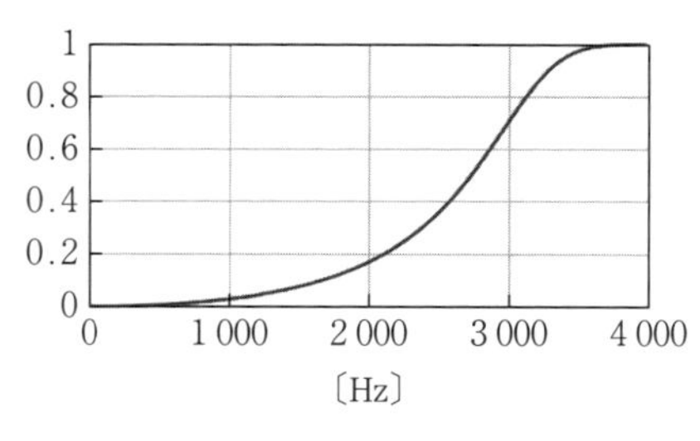

（b） ハイパスフィルタ

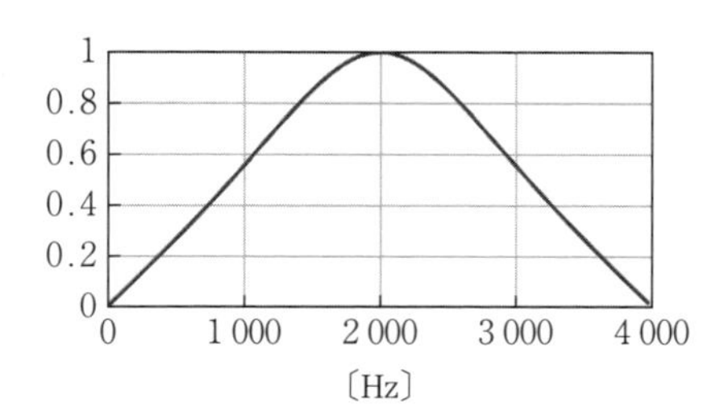

（c） バンドパスフィルタ

図 6.14 各フィルタの周波数特性

が確認できる。

出力信号の周波数特性は，伝達関数の定義から入力信号の周波数特性×フィルタの周波数特性で求められる。周波数特性における縦軸は dB（デシベル）表示であることが多く，その場合は，乗算ではなく，加算で計算できる†。これは dB の定義が対数変換された値であり，乗算が対数計算では加算となることによる。このことから，ローパスでは高い周波数成分が，ハイパスでは低い周波数成分が，そしてバンドパスでは低い周波数と高い周波数成分が除去されることが周波数特性からも確認できる。

この三つの周波数成分を含む信号をこれらのフィルタに通した結果を求める。IIR フィルタ構造に対応する C 言語プログラムを**図 6.15** に示す。INDEX_SIZE はフィルタへの入力データの要素数，FILTER_TAP はフィルタタップ数である。ループ文を用いることで，容易にフィルタを構成することができる。各フィルタ（順にローパス，ハイパス，バンドパス）を通した後の信号波形を**図 6.16** に示す。三つの周波数成分を持つ信号に対して，各パラメータを用いてその効果が実現できる。このグラフを得るための，式 (5.72) で示される入

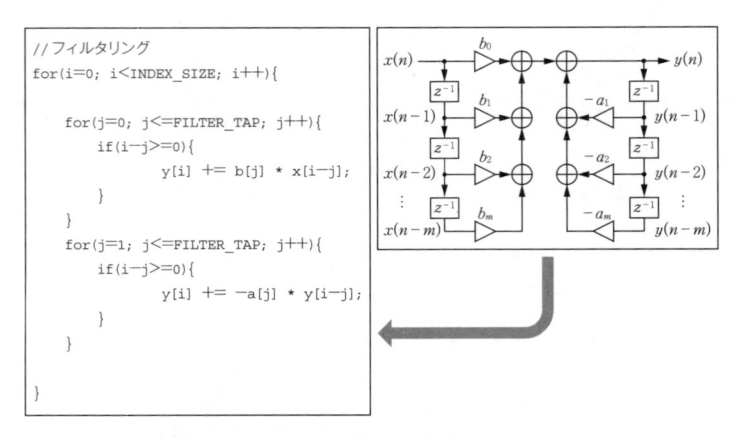

図 6.15　フィルタ構造に対応するプログラム

† $\log ab = \log a + \log b$，$\log a/b = \log a - \log b$ である。このように，乗算，除算は対数値に変換すると加算，減算となり，最後に対数値を真数に戻すことにより，途中の複雑な乗除算演算を容易にできる。

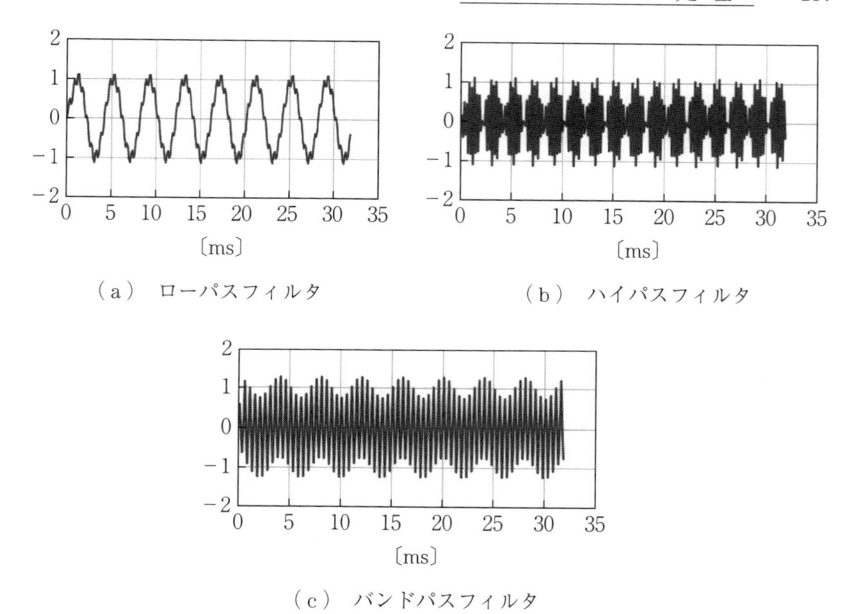

図 6.16　フィルタ通過後の信号の時間波形

力信号に対するフィルタ通過後の出力として，その効果を確認するプログラムを付録 E.2 に示す。入力信号，フィルタ係数を変更することにより，さまざまな効果が確認できる。

図 6.16 の結果から，明らかにローパスでは高い周波数成分が，ハイパスでは低い周波数成分が，バンドパスでは低い周波数と高い周波数成分が除去されて，中間の周波数成分が残っているように見える。これを確認するために，フィルタ通過前と，これらの信号に対して周波数解析を行った結果（前章で述べた FFT を適用）を**図 6.17** に示す。フィルタによって，必要な周波数成分が通過され，不要な周波数成分が除かれていることが確認できる。

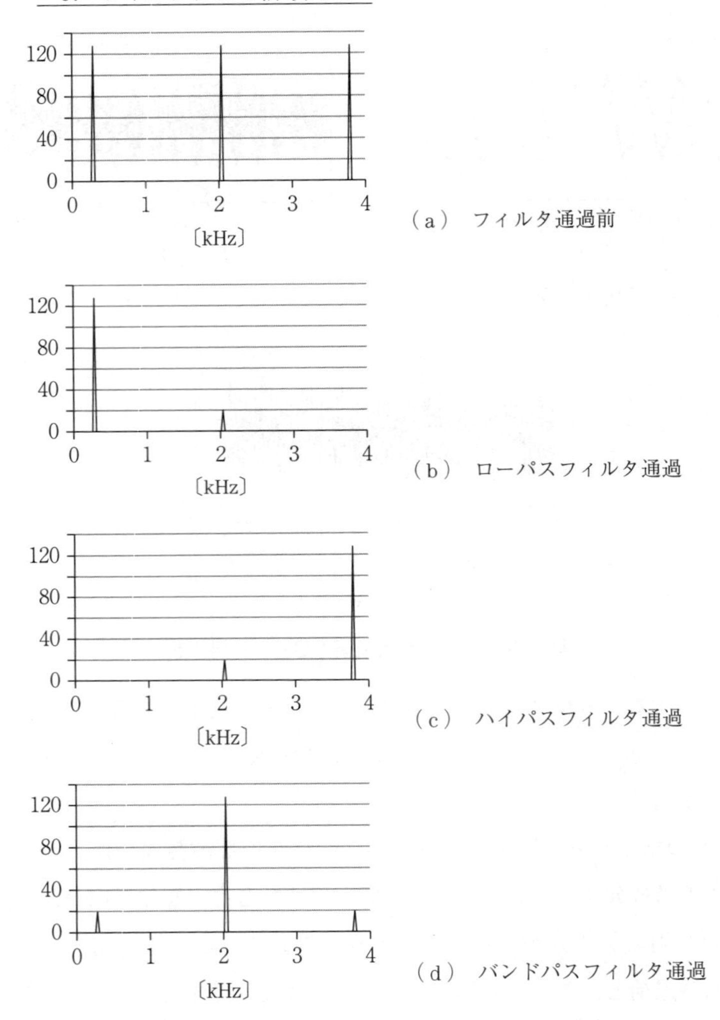

図 6.17 フィルタ通過前後の信号に対する周波数解析結果

—— 事例：加速度データの振動の影響の除去 ——

移動平均の説明で用いた，机の振動の影響を受けた加速度データ（図 6.5 のデータ）をフィルタを用いて，その影響を除くことを試みてみる。まず，FFT 処理によって，雑音の原因となった振動の周波数成分を求める。周波数解析の

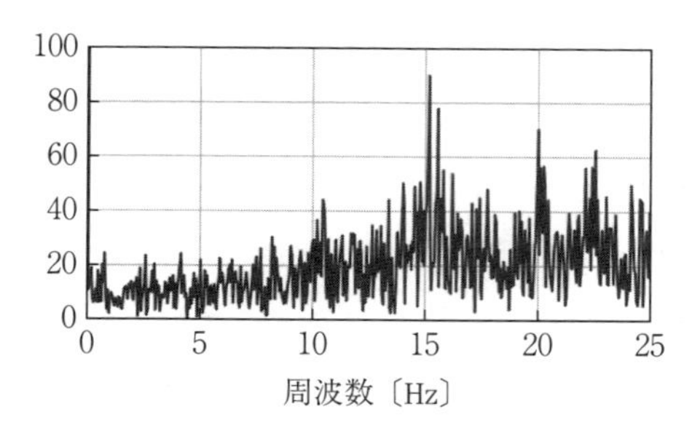

図 6.18 振動の影響の周波数解析結果

結果を**図 6.18** に示す。この結果から，15 Hz 近くが最も振動の成分を持っていることが確認できる。

この結果に基づき，カットオフ周波数として 5 Hz，10 Hz を設定したローパスフィルタを求める。2 次のローカットフィルタとしてその係数を**表 6.3** の数値に設定した。

表 6.3 振動の影響を除去するフィルタの係数

遮断周波数	b_0	b_1	b_2	a_0	a_1	a_2
5 Hz	0.067 5	0.134 9	0.067 5	1.0	−1.143 0	0.412 8
10 Hz	0.206 6	0.413 1	0.206 6	1.0	−0.369 5	0.198 5

この係数を設定したフィルタともとの振動の影響を受けたデータを付録 E.3 に示したプログラムに設定し，プログラムを実行してその効果を調べた。フィルタ適用後の結果を**図 6.19** に示す。単純な移動平均に比べて，振動による雑

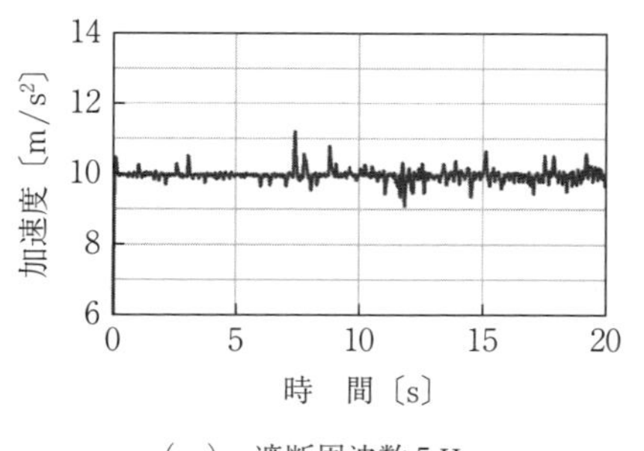

（a） 遮断周波数 5 Hz

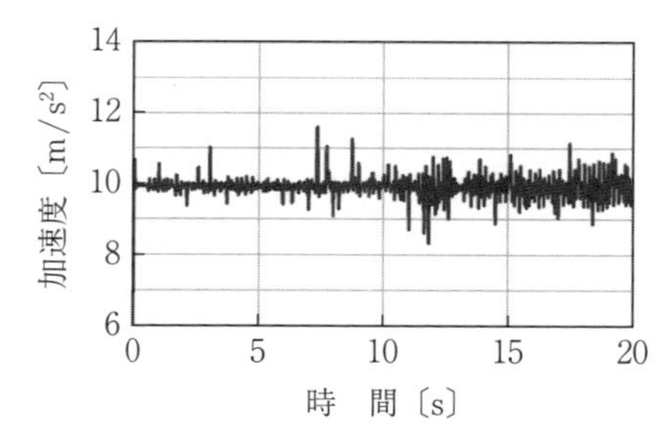

（b） 遮断周波数 10 Hz

図 6.19 フィルタによる雑音成分の除去の効果

音の影響をより抑制できていること，また当然ではあるが，遮断周波数の設定により効果が異なることが確認できる。なお，時刻 0 s 近傍の値は，時刻 0 s 以前のデータがないための影響である。

このように適切なフィルタ処理によって，不要成分の除去が可能である。統計処理や認識処理において，ノイズを含んだデータが結果に悪影響を及ぼす場合などでは，前処理としてこのような不要成分の除去や必要成分の抽出が重要であると考えられる。

6章の振り返り

（1）　移動平均の処理方法について式を用いて述べよ。

（2）　ローパス，ハイパス，バンドパスフィルタを説明せよ。通過帯域，カットオフ周波数を図示せよ。

（3）　ディジタルフィルタの構成要素を図示せよ。

（4）　FIR フィルタ，IIR フィルタの構造を示せ。

（5）　フィルタの伝達関数の定義と伝達関数の周波数特性の意味を説明せよ。

付　　　　　録

A.　加速度データの取得方法

本書では事例として，実際に取得した加速度データを用いて説明を加えた。スマートフォンには，加速度センサ以外にもジャイロセンサ，地磁気センサ，位置センサ（GPS）など多くのセンサが内蔵されている。今回は下記に述べる MIT App Inventor2 を用いて加速度データ，歩数データを取得した。

ここでは，本書で示した加速度データを取得するプログラムの利用方法とアプリケーション作成の概略を示す。

A.1　MIT App Inventor2

マサチューセッツ工科大学（MIT）が提供している，Android 対応アプリケーションソフトウェアを開発する環境およびソフトウェアである。ブラウザ上から，機能ブロックをドラッグ＆ドロップすることで，所定の機能を実装することができる。コンパイラなどをパソコンにインストールする必要がなく，容易に開発できる点に特徴がある。

A.2　プログラム実行の準備

App Inventor を利用するために，以下が必要である。

① Google アカウントが Android 端末にアカウント登録されていること。

② Android 端末が WiFi でインターネットに接続可能であること（もちろん，公衆回線でもよい）。

③ Android 端末に QR コード読み取りソフト（例えば，QR コードスキャナ（Barcode Scanner））をインストールしておくこと。これは，App Inventor で作成したアプリケーションのソースコード（プロジェクト）（拡張子. aia）や，ビルドされたアプリケーション（拡張子. apk）をダウンロードするために使用する。

④ Android 端末にファイル管理ソフト（例えば，ファイルマネージャ）をイン

ストールしておくこと。これは，取得したデータの名前の変更などのファイル管理を Android 上で行うために使用する。

A.3　使用プログラムと利用方法

〔1〕 基 本 機 能

書籍の事例で使用したデータは，以下の二つのアプリケーションから取得した。その機能を**付表 A.1** に示す。

付表 A.1　使用プログラムの機能

アプリ名	機　能	保存データ名
Accelerometer	x，y，z 軸方向の加速度〔m/s^2〕，前回のデータ取得からの経過時間〔ms〕の保存	Accelerometer.csv
Pedometer	歩数，x，y，z 軸方向の加速度〔m/s^2〕，前回のデータ取得からの経過時間〔ms〕の保存	Pedometer.csv

〔2〕 入 手 方 法

・Accelerometer.ask：以下の QR コードを読み込むことでも可能である。
https://github.com/TanakaLabKAIT/AppInventor_CreateApps/raw/master/Accelerometer/Accelerometer.apk

なお，Accelerometer のプロジェクトファイルは以下からダウンロード可能である。
https://github.com/TanakaLabKAIT/AppInventor_CreateApps/raw/master/Accelerometer/Accelerometer.aia

・Pedometer.ask：以下の QR コードを読み込むことでも可能である。
https://github.com/TanakaLabKAIT/AppInventor_CreateApps/raw/master/Pedometer/Pedometer.apk
なお，Pedometer のプロジェクトファイルは以下からダウンロード可能である。
https://github.com/TanakaLabKAIT/AppInventor_CreateApps/raw/master/Pedometer/Pedometer.aia

〔3〕 **利 用 方 法**

（1） 上記，QR コードをスキャナで読み取る。その結果，アプリが Android 端末にダウンロードされる。Android のアプリケーション「ダウンロード」（下向き矢印のアイコン）をクリックするとダウンロードしたアプリが見える。それをクリックすることにより，インストールが完了する。その結果，Accelerometer，Pedometer がアプリとして使用可能になる。

（2） Accelerometer

・センサデータの取得時間間隔〔ms〕を入力
・開始ボタンを押すと，データの取得を開始
・停止ボタンを押すと，データの取得を停止し，ファイル名 Accelerometer.csv として保存

（3） Pedometer

・データ取得継続時間〔s〕を入力
・センサデータの取得時間間隔〔ms〕を入力
・開始ボタンを押すと，データの取得を開始
・停止ボタンを押すと，データの取得を停止し，ファイル名 Pedometer.csv として保存

（4） その他

・Android と PC を接続すると，USB メモリと同様にファイルの移動などができる。
・このアプリで保存したままの状態では，パソコン側からファイルが見えない場合がある。この場合は，ファイルマネージャでファイル名を変更することによって確認できる。ファイル名を変更しない場合は，同一ファイル名にデータが追加されることになるので，実験ごとにファイル名を変更し，PC に移動あるいはコピーすることを勧める。
・Android を制御している OS の性質から，データの取得時間間隔は指定した時間どおりにならないことに注意されたい。

〔4〕 **アプリケーション作成の概略**

（1） ブラウザ（Chrome または FireFox が推奨されることが多い）で，下記にアクセスする。http://appinventor.mit.edu/explore/get-started.html

（2） ページの右上の「Create Apps!」ボタンを押すと，プログラム（Project と呼ばれる）を作成できる状態になる。すでに作成済のプロジェクトがあれば，それも見える。ウィンドウが Popup していれば，Continue ボタンを押して先に進む。

（3） 新規にプロジェクトを作るには，「Projects」→「Start new project」→「Project name を入れる（例えば，Hello とする）」→「OK」

（4） 画面の右上に「Designer」，「Blocks」がある。Designer はユーザインタフェースを，Blocks は処理を書くためにあるので，適宜切り替える。簡単な例として，ボタン二つとラベル一つのアプリを作成する。**付図 A.1** にそのブロック構成を示す。「押して」ボタンを押すと，ボタンが赤くなり，「こんにちは」が現れ，「消す」ボタンを押すと消えるプログラムである。なお，「押して」，「消す」という表示のために，それぞれ btn_push と btn_erase の中に，その記述を挿入している。

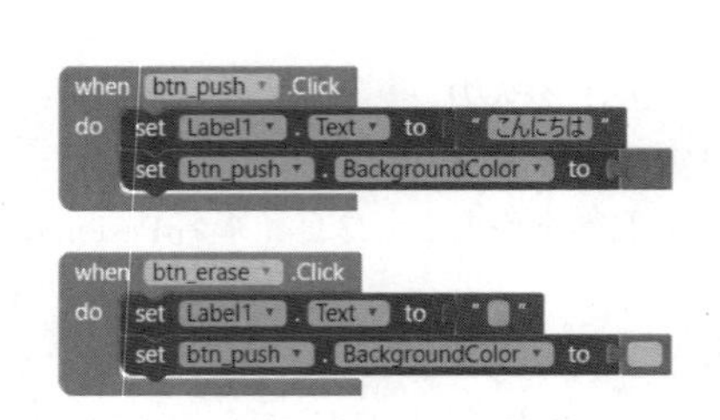

付図 A.1　簡単なプログラム（ブロック部分）の例

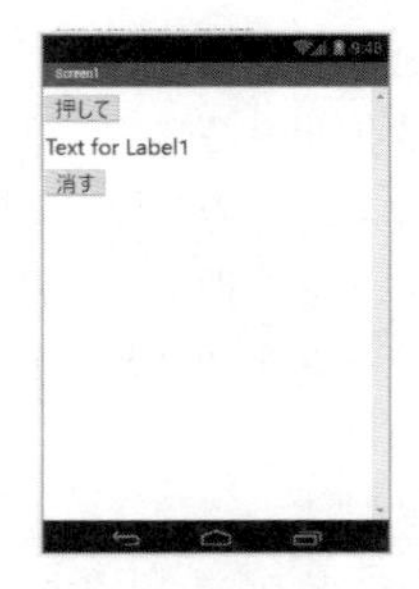

付図 A.2　実行画面

（5） 「Build」→「App(provide QR code for .ask)」をクリックするとビルドが始まる。プログレスバーが終了した後，QR コードが現れる。それをスキャナで読み取ることにより，ビルドしたアプリが Android 端末にダウンロードされる。それをインストールし，クリックするとプログラムが実行される。**付図 A.2** の画面に移行する。「押して」ボタンを押すと，ボタンが赤くなり，「こんにちは」が現れる。

※ 本開発環境の Sensors のメニューからは，**付図 A.3** に示すセンサが提供されている。単体センサだけではなく，歩数計（Pedometer）などセンサシステムともいうべき要素が提供されているようである。

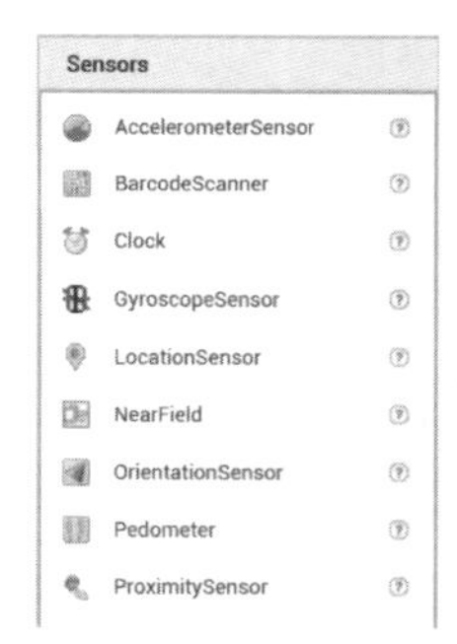

付図 A.3　提供されている センサ要素

〔5〕 **Accelerometer のブロック**

付図 A.4 は，3 軸（x, y, z 軸）方向の加速度〔m/s^2〕と，その取得時刻と直前の加速度を取得した時刻との時間差〔ms〕（サンプリング間隔）[†]を保存するプログラムの

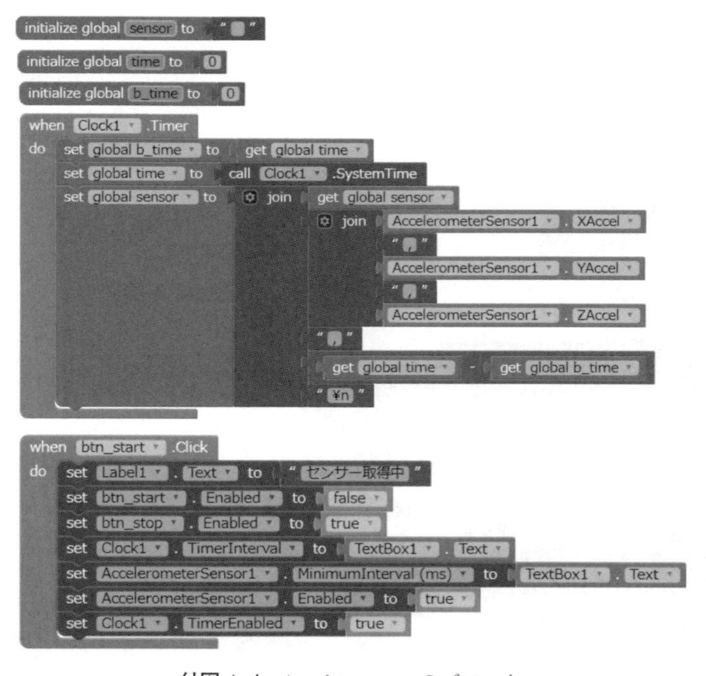

付図 A.4　Accelerometer のブロック

† 初回の時間差の取得データ（1 行目）は無視してほしい。以前に取得した時刻からの時間差である。また，サンプリング間隔は端末の性質上，一定値とはならないことに留意してほしい。

```
when btn_stop .Click
do  set Clock1 . TimerEnabled to false
    set AccelerometerSensor1 . Enabled to false
    set btn_start . Enabled to true
    set btn_stop . Enabled to false
    set Label1 . Text to " 取得停止中 "
    call File1 .SaveFile
             text get global sensor
         fileName join " /Accelerometer "
                       " .csv "
    call Notifier1 .ShowAlert
                notice " センサーデータを保存しました "
    set global sensor to " "
```

付図 A.4 （つづき）

ブロックである。これをブラウザ上で構成しビルドすることにより，Android 端末にインストール可能なアプリケーションが作成できる。

〔6〕 Pedometer のブロック

付図 A.5 は，歩数のデータ取得機能を〔5〕で説明した Accelerometer に付け加えたものである。歩数は整数値であり，サンプリング間隔が小さい場合は，同じ値の整数値が連続する。

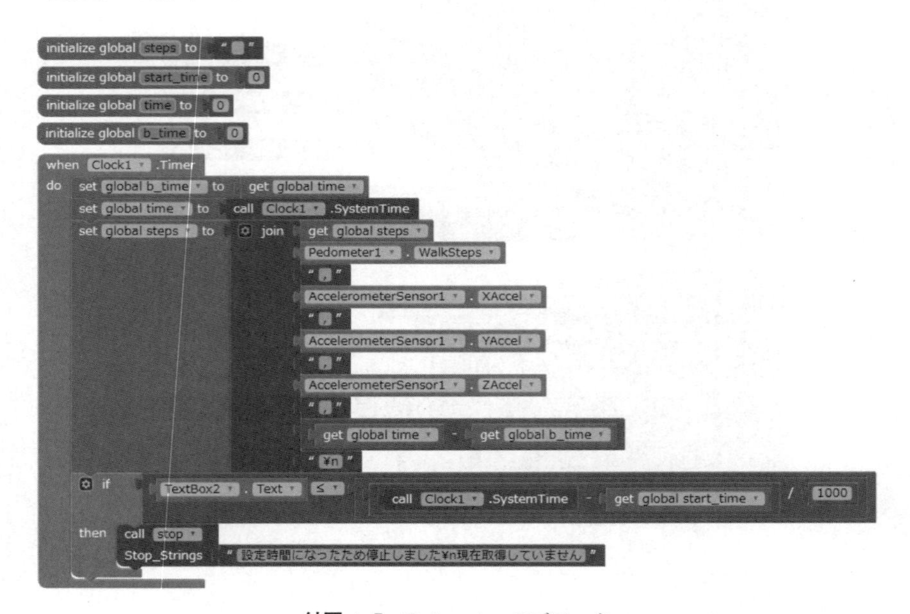

付図 A.5　Pedometer のブロック

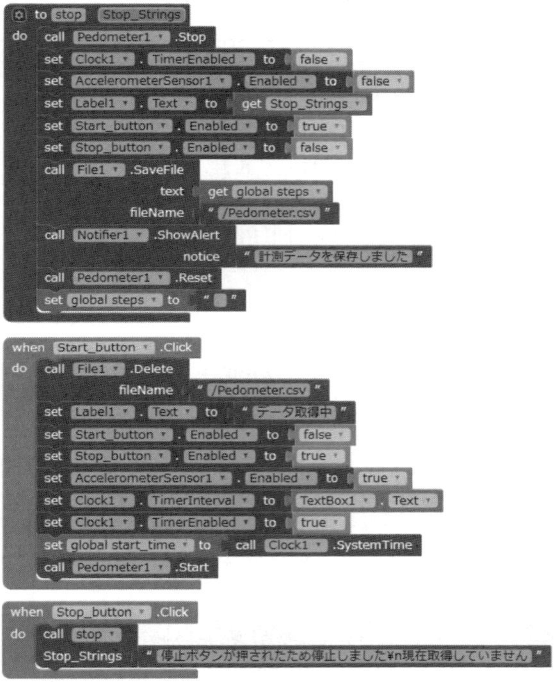

```
to stop Stop_Strings
do call Pedometer1 .Stop
   set Clock1 . TimerEnabled to false
   set AccelerometerSensor1 . Enabled to false
   set Label1 . Text to get Stop_Strings
   set Start_button . Enabled to true
   set Stop_button . Enabled to false
   call File1 .SaveFile
             text get global steps
         fileName "/Pedometer.csv"
   call Notifier1 .ShowAlert
             notice "計測データを保存しました"
   call Pedometer1 .Reset
   set global steps to ""

when Start_button .Click
do call File1 .Delete
         fileName "/Pedometer.csv"
   set Label1 . Text to "データ取得中"
   set Start_button . Enabled to false
   set Stop_button . Enabled to true
   set AccelerometerSensor1 . Enabled to true
   set Clock1 . TimerInterval to TextBox1 . Text
   set Clock1 . TimerEnabled to true
   set global start_time to call Clock1 .SystemTime
   call Pedometer1 .Start

when Stop_button .Click
do call stop
   Stop_Strings "停止ボタンが押されたため停止しました¥n現在取得していません"
```

付図 A.5 （つづき）

B. ピボットテーブルの作り方

ピボットテーブルでは，どのカテゴリに分けるか，カテゴリ分けした後に何を求めるかを指定する。ピボットテーブルを作成するためには以下の 3 手順が必要である。

手順 1：ピボットテーブルを作成するために必要なデータの範囲を指定する

手順 2：カテゴリ分けする，カテゴリの項目を指定する

手順 3：集計したいデータを指定する。場合によっては，集計項目も指定する

・Excel が適時判断した規定値と違う集計をする場合は，集計項目を指定する

付表 B.1 の例では，「性別と住居ごとに，おこづかいの平均を知りたい」として，手順 1 から手順 3 までを示す。このときの作業は以下のとおりである。この表は仮定のデータであることを付記しておく。

付表 B.1 性別・住居・おこづかいの表

ID	性 別	住 居	おこづかい	ID	性 別	住 居	おこづかい
1	男	自宅	20 000 円	6	女	一人暮らし	28 000 円
2	男	一人暮らし	25 000 円	7	男	自宅	28 000 円
3	女	自宅	8 000 円	8	女	自宅	40 000 円
4	男	一人暮らし	30 000 円	9	女	自宅	38 000 円
5	女	一人暮らし	35 000 円	10	男	自宅	28 000 円

【手順 1】

まずピボットテーブルを作成するデータを範囲指定する（A1：D11）。そして，［挿入］タブ-［ピボットテーブル］をクリックすると，**付図 B.1** のウィンドウが表示される。ここで，データの先頭行は，すべて空であってはならないことに注意が必要である。データの先頭行は，データラベルとして利用されるためである。

［テーブル / 範囲］には，先ほど範囲指定した箇所が，対象となるデータとして示されている。出力する先は，デフォルトでは「新規ワークシート」が指定されている。本書ではこのまま［OK］ボタンを押す。

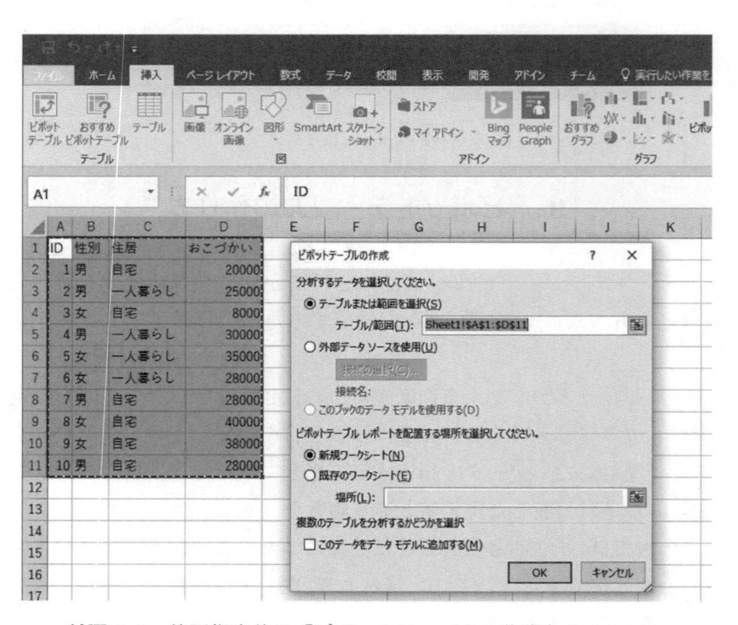

付図 B.1 範囲指定後の「ピボットテーブルの作成」ウィンドウ

【手順 2】

ウィンドウの右側にピボットテーブルを作成するペインが表示される。ペインの［行］または［列］に，クロス集計で分類分けしたいデータをドラッグ&ドロップで指定する。［行］または［列］に集計上の違いはなく，見やすさが変わるだけである。ここでは，以下のように指定する（**付図 B.2**）。

・［性別］を［行］にドラッグ&ドロップ（付図 B.2①）

・［住居］を［列］にドラッグ&ドロップ（付図 B.2②）

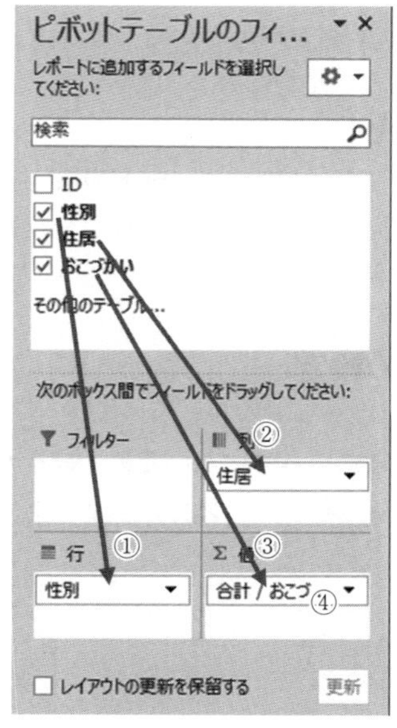

付図 B.2　ピボットテーブルの設定

付図 B.3　値フィールドの設定

【手順 3】

集計したい値は，［値］にドラッグ&ドロップする。ここでは，以下のようにする。

・［おこづかい］を［値］にドラッグ&ドロップ（付図 B.2③）

クロス集計で合計が求まっている。ここでは，各平均を知りたいので，以下のように設定を変更する（付図 B.2④）。

・［値］の個所の［合計 / おこづかい］をクリックし，［値フィールドの設定］をクリック

・［値フィールドの集計］から［平均］を選び，［OK］を押す（**付図 B.3**）

上記の手順で，クロス集計が完成する（**付図 B.4**）。おこづかいの平均が最も高いのが一人暮らしの女性であり 31 500 円，最も低いのが自宅男性で 25 333 円であるこ

	A	B	C	D
1				
2				
3	平均 / おこづかい	列ラベル		
4	行ラベル	一人暮らし	自宅	総計
5	女	31500	28666.66667	29800
6	男	27500	25333.33333	26200
7	総計	29500	27000	28000

付図 B.4　クロス集計の完成例

とがわかる。また男性に比べて女性のほうがおこづかいが多いことがわかる。ただし，前に述べたように，このデータは，クロス集計の説明のために，ランダムに作成した架空のデータであることを念押ししておく。

平均だけでなく，各区分の人数や，最小値・最大値などを知りたいことがある。このときは，［値］に集計値をドラッグ&ドロップし，［値フィールドの設定］で適切に設定することで，これらの値を同時に知ることができる。見た目がやや複雑になるため，ここでは手順を説明するのみにとどめる。

C.　分析ツールの設定

Excelの分析ツールは，初期設定では使える設定になっていないため，使うためには，初期設定が必要となる。まず，［ファイル］－［オプション］をクリックする。**付図 C.1** のウィンドウが表示される。

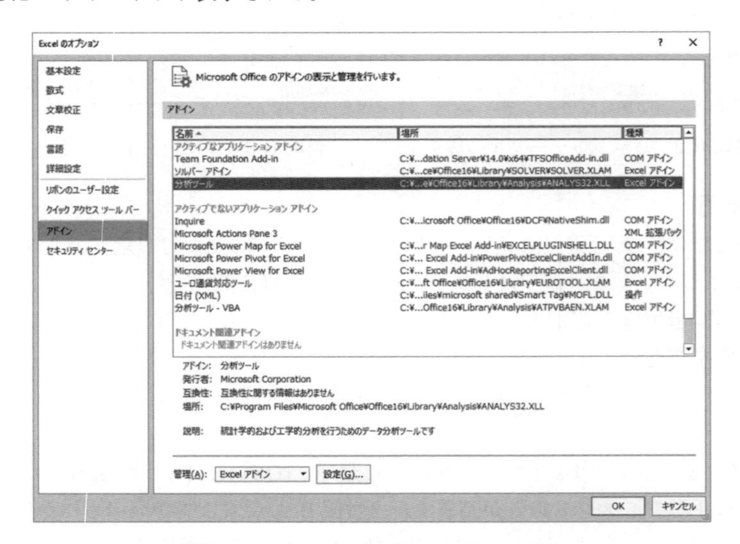

付図 C.1　Excel のオプションウィンドウ

［アドイン］-［分析ツール］を選ぶ。その後，［設定］ボタンを押す。すると**付図 C.2** のウィンドウが表示される。

［分析ツール］をチェックし，［OK］ボタンを押す。これで設定完了である。メニューの［データ］のタブリボンに，**付図 C.3** に示されるように［データ分析］が選べるようになる。

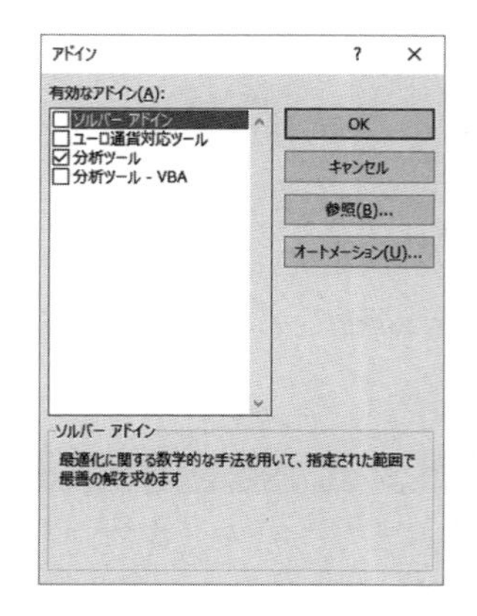

付図 C.2 分析ツールのアドイン追加ウィンドウ

付図 C.3 ［データ］タブのリボンに表示されるデータ分析

D. 分析ツール（メニューからの呼び出し）

付録 C で示した分析ツールの設定をした後では，メニューの［データ］タブの［データ分析］をクリックすることで，回帰分析の値を求めることができる。

データ分析の画面のウィンドウで図 2.10 と同様にウィンドウを表示させた後，［回帰分析］を選び［OK］を押す。予測変数を［入力 Y 範囲］に入力し，観測変数を［入力 X 範囲］に入力する。［一覧の出力先］には，分析結果を表示したい位置を入力し，［OK］ボタンを押す（**付図 D.1**）。この動作により，Excel のシート内に分析結果が表示される（**付図 D.2**）。

2.2.2 項の式 (2.11) と同じ次式で予測できることがわかる。

$$y = -0.070\,42x_1 - 3.772x_2 - 0.708\,7x_3 + 125.1 \tag{D.1}$$

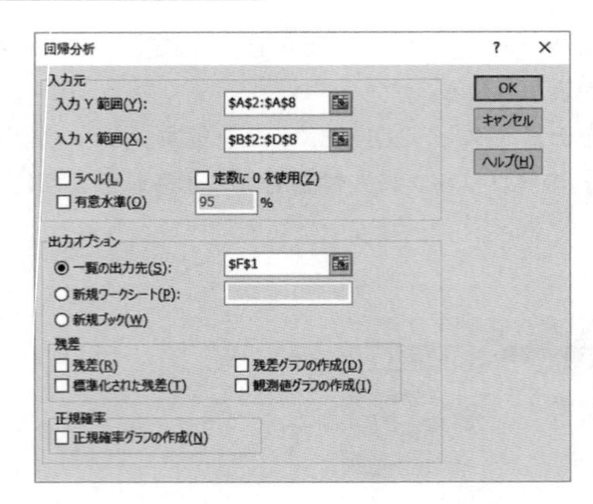

付図 D.1　重回帰分析のためのデータ入力

F	G	H	I	J	K	L	M	N
概要								
回帰統計								
重相関 R	0.953931							
重決定 R2	0.909984							
補正 R2	0.819968							
標準誤差	5.131879							
観測数	7							
分散分析表								
	自由度	変動	分散	観測された分散比	有意 F			
回帰	3	798.7058	266.2353	10.10910753	0.044590245			
残差	3	79.00853	26.33618					
合計	6	877.7143						
	係数	標準誤差	t	P-値	下限 95%	上限 95%	下限 95.0%	上限 95.0%
切片	125.1352	38.71957	3.231835	0.048148636	1.91229072	248.3581827	1.91229072	248.3581827
X 値 1	-0.07042	0.027213	-2.58786	0.081224616	-0.15702888	0.0161807	-0.15702888	0.0161807
X 値 2	-3.77235	0.748432	-5.04034	0.015056873	-6.15419185	-1.39050571	-6.15419185	-1.39050571
X 値 3	-0.70874	0.460582	-1.53879	0.221475478	-2.17451695	0.757035823	-2.17451695	0.757035823

付図 D.2　重回帰分析の結果

E. ディジタルフィルタに関するプログラム

E.1 フィルタの周波数特性を求めるプログラム

```
#define _USE_MATH_DEFINES

#include <stdio.h>
#include <math.h>

#define SAMPLE_FREQ 8000.0
#define INDEX_SIZE 256
#define FILTER_TAP 2

int main(void){
    FILE *fp;
    char *fname = "freq_char.csv";
    double a[FILTER_TAP+1], b[FILTER_TAP+1];

    double freq_char[INDEX_SIZE];

    double delta_f = SAMPLE_FREQ / (double)INDEX_SIZE;
    double omega = 2.0 * M_PI * delta_f;
    double b_cos, b_sin, a_cos, a_sin;

    fp = fopen(fname, "w");
    if(fp == NULL){
        printf("%s was not opened.¥n", fname);
        return -1;
    }

    printf("%s was opend.¥n", fname);

    /* ------------ フィルタ係数の設定（lpf） ------------ */
    a[0] = 1.0;
    a[1] = -0.9428;
    a[2] = 0.3333;

    b[0] = 0.0976;
```

```
b[1] = 0.1953;
b[2] = 0.0976;
/* ------------------------------------------------ */

/* ----------- フィルタ係数の設定(hpf) ----------- */
//a[0] = 1.0;
//a[1] = 0.9428;
//a[2] = 0.3333;

//b[0] = 0.0976;
//b[1] = -0.1953;
//b[2] = 0.0976;
/* ------------------------------------------------ */

/* ----------- フィルタ係数の設定(bpf) ----------- */
//a[0] = 1.0;
//a[1] = 0.0;
//a[2] = 0.1989;

//b[0] = 0.4005;
//b[1] = 0.0;
//b[2] = -0.4005;
/* ------------------------------------------------ */

for(int i=0; i<INDEX_SIZE; i++){

      a_cos = a_sin = b_cos = b_sin = 0.0;

      for(int k=0; k<=FILTER_TAP; k++){
                b_cos += (b[k] * cos(k*omega*i/SAMPLE_FREQ));
                b_sin += (b[k] * sin(k*omega*i/SAMPLE_FREQ));

                a_cos += (a[k] * cos(k*omega*i/SAMPLE_FREQ));
                a_sin += (a[k] * sin(k*omega*i/SAMPLE_FREQ));
      }

      freq_char[i] = sqrt(pow(b_cos, 2.0) + pow(b_sin, 2.0))
      → / sqrt(pow(a_cos, 2.0) + pow(a_sin, 2.0));
```

```
	}

	for(int i=0; i<INDEX_SIZE/2; i++){
		fprintf(fp, "%lf,%lf¥n", freq_char[i], (delta_f*i));
	}

	fclose(fp);

	return 0;
}
```

E.2 各フィルタの効果を確認するプログラム

```
#define _USE_MATH_DEFINES

#include <stdio.h>
#include <math.h>

#define SAMPLE_FREQ 8000.0
#define INDEX_SIZE 256
#define FILTER_TAP 2

#define F1 250.0
#define F2 2000.0
#define F3 3750.0

int main(void){
	FILE *fp;
	char *fname = "iir_filter_test.csv";

	double x[INDEX_SIZE];              //x -> 三つの周波数の合成波形ベクトル
	double y[INDEX_SIZE] = { 0.0 };    //y -> xに対してフィルタを適用した
	                                   //波形ベクトル

	double a[FILTER_TAP + 1], b[FILTER_TAP + 1];
	int i, j;

	fp = fopen(fname, "w");
	if (fp == NULL){
```

```
		printf("%s was not opened.¥n", fname);
		return -1;
	}

	printf("%s was opend.¥n", fname);

	/* 三つの周波数の合成波を生成 */
	for (i = 0; i<INDEX_SIZE; i++){
		x[i] = sin(2.0*M_PI*i*F1 / SAMPLE_FREQ)
				+ sin(2.0*M_PI*i*F2 / SAMPLE_FREQ)
				+ sin(2.0*M_PI*i*F3 / SAMPLE_FREQ);
	}

	/* ------------ フィルタ係数の設定(lpf) ------------ */
	a[0] = 1.0;
	a[1] = -0.9428;
	a[2] = 0.3333;

	b[0] = 0.0976;
	b[1] = 0.1953;
	b[2] = 0.0976;
	/* ------------------------------------------------- */

	/* ------------ フィルタ係数の設定(hpf) ------------ */
	//a[0] = 1.0;
	//a[1] = 0.9428;
	//a[2] = 0.3333;

	//b[0] = 0.0976;
	//b[1] = -0.1953;
	//b[2] = 0.0976;
	/* ------------------------------------------------- */

	/* ------------ フィルタ係数の設定(bpf) ------------ */
	//a[0] = 1.0;
	//a[1] = 0.0;
	//a[2] = 0.1989;
```

```
    //b[0] = 0.4005;
    //b[1] = 0.0;
    //b[2] = -0.4005;
    /* -------------------------------------------------- */

    for (i = 0; i <= FILTER_TAP; i++){
        printf("a[%d]=%lf, b[%d]=%lf¥n", i, a[i], i, b[i]);
    }

    /* フィルタの適用処理 */
    for (i = 0; i<INDEX_SIZE; i++){
        for (j = 0; j <= FILTER_TAP; j++){
                if (i - j >= 0){
                        y[i] += b[j] * x[i - j];
                }
        }
        for (j = 1; j <= FILTER_TAP; j++){
                if (i - j >= 0){
                        y[i] += -a[j] * y[i - j];
                }
        }
    }

    /* csv ファイルへの波形データ出力 */
    for (i = 0; i<INDEX_SIZE; i++){
        fprintf(fp, "%lf,%lf¥n", x[i], y[i]);
    }

    fclose(fp);

    return 0;
}
```

E.3 振動の影響を除去するプログラム

```
#define _USE_MATH_DEFINES

#include <stdio.h>
#include <math.h>
```

```
//#define SAMPLE_FREQ 8000.0
#define INDEX_SIZE 1024                                // Data_size
#define FILTER_TAP 2

int main(void){
    FILE *fp1, *fp2;
    char *fname1 = "raw_data.csv";              // フィルタ適用前のデータ
    char *fname2 = "effect.csv";                // フィルタ適用後のデータ

    double x[INDEX_SIZE];              //x -> フィルタ適用前のデータ
    double y[INDEX_SIZE] = { 0.0 };  //y -> xに対してフィルタを適用した
                                      //波形ベクトル

    double a[FILTER_TAP + 1], b[FILTER_TAP + 1];
    int i, j;

    fp1 = fopen(fname1, "r");
    if (fp1 == NULL){
        printf("%s was not opened.¥n", fname1);
        return -1;
    }

    printf("%s was opened.¥n", fname1);

    /*  フィルタ適用前のデータの読み込み */
    for (i = 0; i<INDEX_SIZE; i++){
        fscanf(fp1, "%lf", &x[i]);
    }

    /* ----------- フィルタ係数の設定 ----------- */
    // 遮断周波数10Hz
    a[0] = 1.0;
    a[1] = -0.3695;
    a[2] = 0.1985;

    b[0] = 0.2066;
    b[1] = 0.4131;
```

```
b[2] = 0.2066;
// 遮断周波数 5Hz
//a[0] = 1.0;
//a[1] = -1.1430;
//a[2] = 0.4128;

//b[0] = 0.0675;
//b[1] = 0.1349;
//b[2] = 0.0675;
/* ------------------------------------------------- */

for (i = 0; i <= FILTER_TAP; i++){
      printf("a[%d]=%lf, b[%d]=%lf¥n", i, a[i], i, b[i]);
}

/* フィルタの適用処理 */
for (i = 0; i<INDEX_SIZE; i++){
      for (j = 0; j <= FILTER_TAP; j++){
               if (i - j >= 0){
                        y[i] += b[j] * x[i - j];
               }
      }
           for (j = 1; j <= FILTER_TAP; j++){
               if (i - j >= 0){
                        y[i] += -a[j] * y[i - j];
               }
      }
}

fp2 = fopen(fname2, "w");
if (fp2 == NULL){
      printf("%s was not opened.¥n", fname2);
      return -1;
}

printf("%s was opened.¥n", fname2);
/* csv ファイルへのフィルタ適用後の出力 */
for (i = 0; i<INDEX_SIZE; i++){
```

```
        fprintf(fp2, "%lf,%lf¥n", x[i], y[i]);
    }

    fclose(fp1);
    printf("%s was closed.¥n", fname1);

    fclose(fp2);
    printf("%s was closed.¥n", fname2);

    return 0;
}
```

引用・参考文献

菅　民郎：Excel で学ぶ統計解析入門，オーム社（2013）
涌井良幸，涌井貞美：Excel で学ぶ統計解析，ナツメ社（2008）
脇森浩志，杉山雅和，羽生貴史：クラウドではじめる機械学習，リックテレコム（2015）
河村哲也：数値計算入門，サイエンス社（2012）
金　明哲：R によるデータサイエンス，森北出版（2013）
涌井良幸：多変量解析がわかった！，日本実業出版社（2009）
菅　民郎：多変量解析の実践　上，現代数学社（1993）
酒井幸市：画像処理とパターン認識入門，森北出版（2008）
斉藤洋一：ディジタル無線通信の変復調，電子情報通信学会（1996）
渡部英二：基本からわかる信号処理講義ノート，オーム社（2014）
金丸隆志：Excel で学ぶ理論と技術　フーリエ変換入門，ソフトバンククリエイティブ（2007）
青木直史：C 言語ではじめる音のプログラミング，オーム社（2012）
佐藤幸男：信号処理入門，オーム社（2009）
三谷政昭：やさしい信号処理，講談社（2013）
Interface：聞くぅ～♪最新サウンド技術，2014 年 3 月号，CQ 出版（2014）

センサデータ取得アプリ開発のための App Inventor2 に関しては，以下が参考になる。

【書籍】

浜出俊晴：はじめての App Inventor，工学社（2014）

【ホームページ】

■本家の MIT App Inventor のサイト（チュートリアルや例題も豊富である）
http://appinventor.mit.edu/explore/（2017 年 9 月現在）

■ Thunkable（App Inventor は MIT 出身学生らが立ち上げたものだが，最近はむしろこちらが有名なようである。従来の Android 版に加えて，iOS 版も最近リリースされた）
https://thunkable.com/（2017 年 9 月現在）

振り返りの解答

1　章

（1）　平均値に関しては，1.1.1 項の式 (1.1)，分散に関しては，1.1.4 項の式 (1.2)，標準偏差に関しては 1.1.6 項の式 (1.10) に書かれている。

（2）　1.1.4 項の群 1 から群 3 で例示したように，平均値だけではデータのばらつきを知ることができない。平均値からどれくらいばらついているかを示すのが，分散（標準偏差）である。

（3）　1.1.3 項で，年収の例を使って述べているように，突出した値を持ち，平均値をずらしてしまう場合が挙げられる。

（4）　偏差値の式は，1.3 節の式 (1.12) と式 (1.13) によって示されている。$10\times(x-\mu)/\sigma+50$ と，まとめることもできる。偏差値を使うことが妥当なデータは，1.3 節で述べたように，データの分布が正規分布に従っているときである。

（5）　例えば，「配偶者の有無と性別による分類で過分所得額の平均」は，各分類で差が出ると思われる。

2　章

（1）　バネに掛ける加重とバネの伸びは，直線で近似することで，バネ定数を求めることができる。充電池の電圧と残り使用可能時間は 2 次関数（3 次関数）で近似することができる（と思われる）。

（2）　説明変数を賃貸住宅の広さ（部屋数）と駅からの距離とすると，目的関数は家賃で重回帰分析可能である（と思われる）。

（3）　相関係数，決定係数ともに，2.1.2 項を参照。

（4）　一般に，一方が変われば他方もそれにつれて変わることである。数学的には，$y=ax+b$ の形で近似できることを相関があるという。

（5）　正の相関の例として「あるクラスでの，数学の点と理科の点」には，正の相関がある（と思われる）。負の相関の例として，「気温の高さと洗濯物が乾く時間」が挙げられる。

（6）　読者の宿題とする。答えの例として，本章の振り返りの解答で示した（1）と（5）の例題が挙げられる。

3 章

（1） 正規分布は，3.2 節に記述されている。区間に入る確率は，3.3 節に区間 $[-3\sigma, 3\sigma]$ に入る確率も合わせて，記述している。

（2） NORM.DIST 関数，NORM.INV 関数を使って求めることができる。使い方は，表 3.1 に例示している。

（3） 中心極限定理によれば，母集団が正規分布に従わない場合でも，サンプル数を十分大きくとれば，標本平均の分布が正規分布に従う。そのため，正規分布という非常によく知られた形で，標本平均の分布を分析できることに意義がある。もちろん母集団が正規分布に従うときは，サンプル数が小さくても，標本平均の分布は正規分布に従う。

（4） 3.8.1 項に母平均の区間推定，3.8.2 項に母比率の区間推定の方法が書かれている。

（5） 検定の方法は，3.7 節に記載されている。

（6） サンプル数が 100 未満のときは，t 分布を用いる。100 以上の場合は，正規分布を用いる。3.5 節を参照。

4 章

（1） 4 章の冒頭の説明を参考に具体的な事例を考え，調べてみる。膨大な写真データから，カテゴリ別に分類することも一例である。

（2） それぞれ，4.1 節，4.3 節，4.4 節，4.5 節を参照。

（3） 表 4.1 のデータを用いて Excel の関数を用いてトレースする。他の数値例でも確認されたい。

（4） 4.5 節の試験の得点はその代表的な一例である。Web などから他の例を調べてみることを勧める。

（5） 線形計画問題の代表的な問題である。線形計画問題の例題を見つけて，Excel を用いて本書の操作の説明どおりに行ってみられたい。

5 章

（1） 5.1 節を参照。

（2） 5.3 節，5.5 節を参照。本書に示した代表的で最も簡単な例を一度は Excel を用いてトレースされたい。

（3） 5.4 節，5.5 節を参照。計算が容易になる例を示されたい。

（4） 5.6 節の前半部に，その説明がある。離散，連続と総和，積分という用語に意識されたい。

（5） 5.8節を参照。5.9節のFFTの利用例の箇所や図5.18においても，その影響が示されている。

（6） 5.9節を参照。2のべき乗となる理由を調べられたい。

6　章

（1） 6.1節を参照。計測終了後，計測中による処理方法の相違を認識されたい。

（2） 図6.8を参照。図6.15には，その周波数特性が示されている。

（3） 図6.9を参照。少ない要素の組合せと定数の相違によって，特性が大きく変わることを認識されたい。

（4） 図6.11および図6.12を参照。その構造とループ文によるプログラムでの記述を理解されたい。

（5） 6.3.2項を参照。特に，後半部分に周波数特性の意味が述べられている。

索　　　　　引

——著者略歴——

田中　博（たなか　ひろし）
1983年　北海道大学工学部精密工学科卒業
1985年　北海道大学大学院工学研究科博士前期課程修了（精密工学専攻）
1985年　日本電信電話株式会社勤務
1994年　博士（工学）（北海道大学）
1994年～97年　宇宙開発事業団（現宇宙航空研究開発機構）出向
2006年　神奈川工科大学教授
現在に至る

五百蔵　重典（いおろい　しげのり）
1993年　東京理科大学理学部応用数学科卒業
1993年　株式会社PFU勤務
1996年　北陸先端科学技術大学院大学情報科学研究科博士前期課程修了（情報システム学専攻）
1999年　北陸先端科学技術大学院大学情報科学研究科博士後期課程修了（情報システム学専攻），博士（情報科学）
1999年　神奈川工科大学助手
2005年　神奈川工科大学講師
2008年　神奈川工科大学准教授
2013年　神奈川工科大学教授
現在に至る

IoT時代のデータ処理の基本と実践
—スマホ内蔵センサ取得データを用いて—

Basics and Practice of the Data Handling of the IoT Era
— Using Acquisition Data from a Sensor Built-in Smartphone —

2018年3月20日　初版第1刷発行　★

検印省略

著　者　田中　博
　　　　五百蔵　重典
発行者　株式会社　コロナ社
　　　　代表者　牛来真也
印刷所　新日本印刷株式会社
製本所　有限会社　愛千製本所

112-0011　東京都文京区千石4-46-10
発行所　株式会社　**コロナ社**
CORONA PUBLISHING CO., LTD.
Tokyo Japan
振替00140-8-14844・電話(03)3941-3131(代)
ホームページ http://www.coronasha.co.jp

ISBN 978-4-339-02880-5　C3055　Printed in Japan　（齋藤）